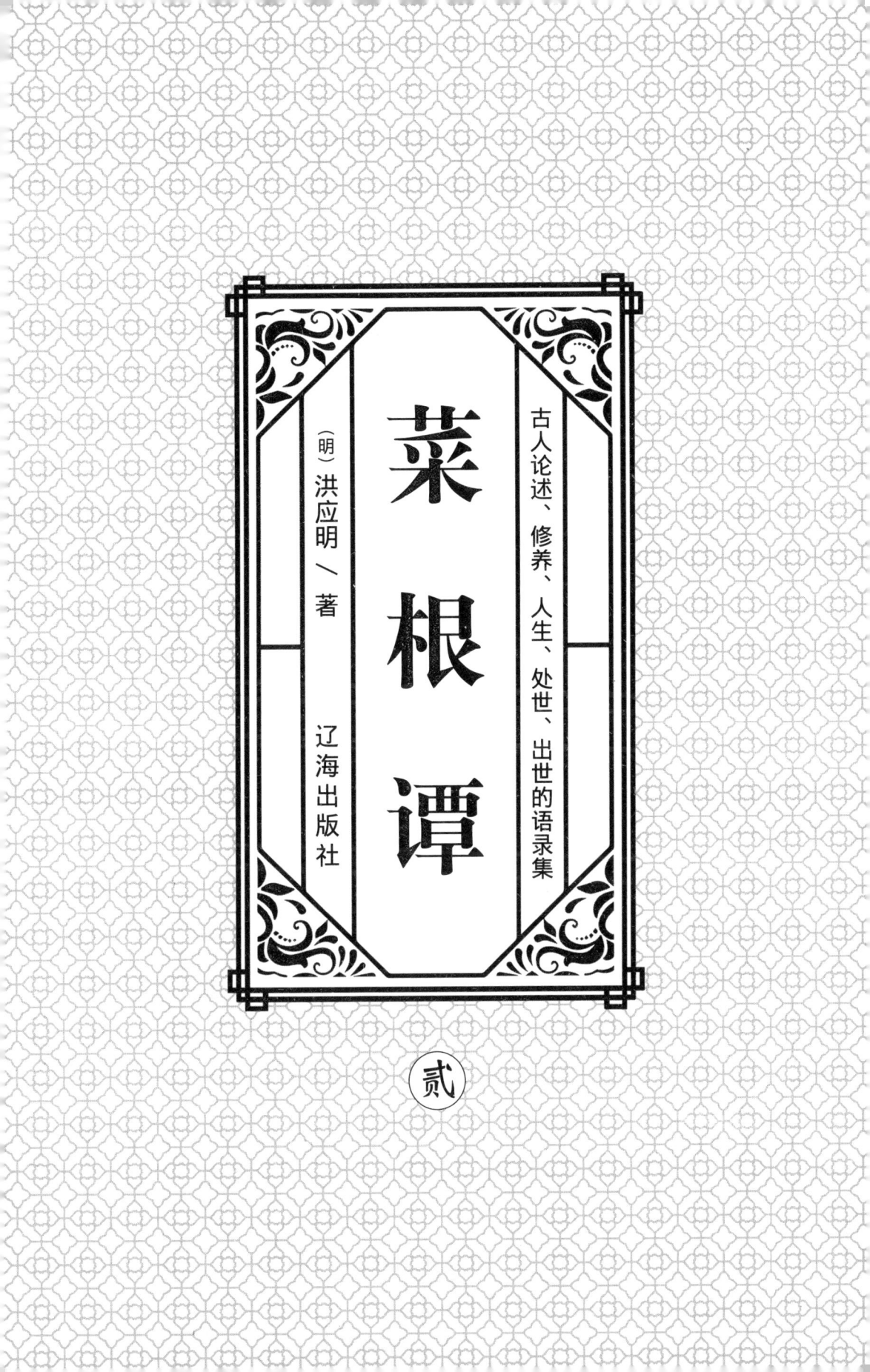

菜根谭

（明）洪应明／著

辽海出版社

古人论述、修养、人生、处世、出世的语录集

贰

目　　录

第三篇　治学卷

菜
根
谭

四

目

录

五

第五篇　为政卷

菜根谭

一二

目

录

●

一
七

第六篇　驭人卷

咀嚼菜根（续）

学始于心　关乎世运

【原文】　夫学始于人心，关乎世运，治乱否泰，咸由于兹。故为明善复初而学，则所存所发，莫非天理。处也有守，出也有为，生民蒙其利济，而世运宁有不泰？为辞章名利而学，则所存在所发，莫非人欲，处也无守，出也无为，生民毫无所赖，而世运宁有不否？是一心理欲消长之所由分，即生民休戚、世道安危之所由分也。

【译文】　学习始于人的思想，关系世道的变化，国家的治、乱、否、泰，都在于这方面。所以，开始学习时能为明白善道复归本性而学，就能够做到所保持的和所发出的，都是合乎天理的东西。因此，在家也会有持守，出外也会有作为，平民就可以蒙受你的帮助，这样，难道世道的变化会不好？如果是为了辞章和名利而学，那么，所保持的和所发出的，就会都是人的欲望。因此，在家也没有持守，出外也没有作为，平民对你也没有什么依赖，这样，难道世道的变化会好？因此，从这里可以辨别，开始学习时你是专心于天理的消长还是私欲的消长？也就是专心于平民的乐还是忧？世道的安还是危？

君子喻义　小人喻利

【原文】　学规重节。节操关系处，莫大于富贵贫贱取舍之间。君子喻于义，不喻于利，于富贵不以其道得之，不处也；于贫贱不以其道得之，不去也。此是学问大关头，最要于此处先把持得定。

【译文】 学规重节操。在所有关系到节操能否持守的地方，没有比在富贵与贫贱之间进行取舍更大的了。君子懂得的是义，不懂得的是利；对于富贵，不用正当的方法得到它，君子不接受；对于贫贱，不用正当的方法除掉它，君子不摆脱。这是做学问的大关口，在这些地方要最先把握得住。

郭熙《早春图》

圣人教人　只重躬行

【原文】 圣人教人，只重躬行，罕言性命天道。然读书期于明礼，求仁贵其存心。学者修身善道，首在明义利之分，审是非之界，立志不欺，行己有耻，一切秽浊之涂，钻营之术，利己害人之谋，枉道徇人之行，皆足败名辱身，毫发不可生于心，而见十事。

【译文】 圣人教诲人，只注重身教，很少讲命运天道。但读书是希望明确礼法，追求仁爱重要的是把它存放在心里。研究学问的人修养自身完善道德，首先要明确"义"与"利"的区别，审视"是"与"非"的界线，确立的志向没有欺骗之意，对自己的不良行为感到羞耻。一切肮脏的途径。钻营的手段，利己害人的阴谋，以及不合正道地偏袒别人的行为，都会败坏名声、侮辱自身，丝毫也不能让它在心里产生，更不能在事情中有所显现。

无论资性　但能勤学

【原文】 读书无论资性高低，但能勤学好问，凡事思一个所以然，自有义理贯通之日；立身不嫌家世贫贱，但能忠厚老成，所行无一毫苟且处，便为乡党仰望之人。

【译文】　读书不论天赋的资质高或是低，只要能够用功，不断地学习，遇有疑之处肯向人请教，任何事都把它想个透彻为什么会如此，终有一天能够通晓书的道理，在社会上立身处世，不怕自己出身贫穷低微，只要为人忠实敦厚，做事稳重踏实，行为没有一丝随便或违背道义之处，便足以为家乡的父老所看重，而成为众人的榜样。

不自知者　百祸之宗

【原文】　不知道而自以为知，百祸之宗也。

【译文】　不知道而自以为知道，这是多种祸患的根源。

博学多识　仍守浅陋

【原文】　多闻博辩，守之以陋。

【译文】　虽然学问渊博，富有知识，但自己只很浅陋无知似的。

能下人者　方作学问

【原文】　学问之道，贵能下人；能下人，孰不乐告之以善！

【译文】　作学问的人，贵在能谦虚向人请教；这样还怕别人不乐意把知识告诉你吗？

谦可受益　敏方有功

【原文】　《书》曰："惟学逊志，务时敏，厥修乃来。"逊其志者，谦受益也。务时敏者，敏则有功也。厥修有不来者乎？

【译文】　《尚书》说："做学问只有谦虚心志，时时勤奋敏捷，才能使道德的完善得以实现。"自己谦虚的人，因为谦虚而得到收益；时时勤奋敏捷的人，因为勤勉就有功德。这样，道德的完善能实现不了吗？

学务逊志　随处求益

【原文】　学务逊志下人，随处求益。

【译文】　求学务必要谦虚谨慎，对人谦让，并随时随地向别人求教。

志正不息　熟于天理

【原文】　学者志正而不息，则熟于天理，虽有未知，闻言即喻，不待广譬也。逊志而敏求，则言易相入，但微言告之而无不尽善。此言教者在养人以善，使之自得，而不在于详说。

【译文】　求学的人，若能志向端正，并且自强不息，就会易于领会事理。即使还有不清楚的地方，只要一听别人的解说就明白了，用不着多举事例来比喻。谦虚谨慎而努力勤奋，就容易接受别人的意见，只须暗示他就会做得很好。这就是说，教育者在于以善去培养人，使他自己领会，而不在于繁琐的说教。

克己自反　忌毁他人

【原文】　戒矜夸忌毁：学者须虚心服善，文字果佳，亦本分内事，且学业无尽，进一步又有一步，工夫何用矜夸？若文字未到，便当克己自反，用功求进，忌毁他人，何与己事？至于课列前后，文有一日之短长，学有异时之消长，正当各自努力，前列者勿遽自夸张，后殿者亦无谩相诋毁。

【译文】　切忌骄傲自伐及妒忌诋毁别人：求学的人必须虚心敬服好的东西，文章果真优美，这也是读书人分内的事情，况且学问没有止尽，前进一步又有一步等待着向前，如果有本事怎么用得着骄傲、夸耀呢？如果文章尚未到火候，就应该自我约束，自我反省，下功夫求得进步，忌恨、诋毁别人，与自己的学问有什么好处？至于课业成绩排列或前或后，没有多大关系，因为，文章优劣你短我长，学习成绩此消彼长，随着时间的推移，总会发生变化。所以，学生应当各人自己努力，排列在前面的，就不要自我夸耀得意；排列在后面的，也不要随意诋毁他人。

自高自狭　学者最忌

【原文】　学者之病，最忌自高与自狭。
【译文】　求学人的毛病，最怕的是自大自满，心胸狭隘。

善学之人　善为之下

【原文】　善学者其如海乎，旱九年而不枯，受入洲水而不满，无他，善为之下而已矣。

【译文】　善于学习的人如同大海，大旱多年也不干枯，接受四面八方的流水也不溢出来，原因就是它处在低下的位置。

读书识进　见己之疵

【原文】　人多读书则识进，且能自见瑕疵。

【译文】　多读书就能增长知识，并且能看到自己的不足之处。

无学为贫　无德为孤

【原文】　无才非贫，无学乃为贫；无位非贱，无耻乃为贱，无年非夭，无述乃为夭；无子非孤，无德乃为孤。

【译文】　没有钱不算贫穷；没有学问才是真正的贫穷，没有地位不算卑下，没有羞耻心才是真正的卑下；活不长久不算短命，没有值得称述的事才算短命；没有儿子不算孤独，没有道德才是真正的孤独。

心地不净　不可学古

【原文】　心地干净方可读书学古，不然见一善行窃以济私，闻一善言假以复短，是以藉寇兵而济盗粮矣。

【译文】　只有心地纯洁的人才能读圣贤书，学古人的道德文章，否则看到一件古人的好事就私下作为自己的见解，听到一句古人的好话就私下拿来掩饰自己的缺点，这就等于是资助兵器给敌人，送粮食给强盗。

从情解悟　非常明灯

【原文】　凭意兴作为者，随作则随止，岂是不退之轮；从情识解悟者，有悟则有迷，终非常明之灯。

【译文】 凭一时冲动去作事的人，等到热度一过事情也就跟着停顿下来，这哪里是能维持长久奋发上进的做法呢？一个从情感出发去领悟真理的人，有时能领悟有时也会被感情所迷惑，所以这种做法也不是一种永久光亮的明灯。

循序致精　读书之贵

【原文】 读书之法，莫贵乎循序而致精。

【译文】 读书的方法，最重要的是循序渐进，从而达到精深。

藏焉修焉　息焉游焉

【原文】 故君子之于学也，藏焉修焉，息焉游焉。夫然，故安其学而亲其师，乐其友而亲其道，是以虽离师辅而不反也。《兑命》曰："敬孙，务时敏，厥修乃来"，其此之谓乎！

【译文】 所以君子对于学习，务必做到，在掌握已学的东西之后，进而学习未曾学习的东西；在完成

蒋嵩《渔舟读书图》

了一个阶段的学习之后，进而把学习内容融会贯通，做到左右逢源。这样才能巩固学业，亲近师长，交结朋友，恪守信念，即使将来离开了师友，学业也不会退步。《兑命》篇说："对于那研习的学业，能够认真、循序、及时地全力以赴，是会得到成就的"，大概说的就是这个意思吧！

诵数贯之　思索通之

【原文】　君子知夫不全不粹之不足以为美也，故诵数以贯之，思索以通之，为其人以处之，除其害以持养之。

【译文】　君子知道学识的不全面、不纯粹是不足以称为完美的，所以反复学习以达到前后联系，用以思考以求得融会贯通，效法良师益友去努力实行，除掉有害的东西，培养有益的学识。

劳于读书　逸于作文

【原文】　读书如销铜，聚铜入炉，大鞴扇之，不销不止，极用费力。作文如铸器，铜既销矣，随模铸器，一冶即成，只要识模，全不费力。所谓劳于读书，逸于作文者此也。

【译文】　读书像熔化铜一样，把铜装进炉子里，用鼓风器扇它，不熔化就不停地扇，特别要费气力。作文好像浇制器物一样，铜已经熔化了，按照模型去浇制器物，一浇灌就成了，只要能辨识模型，毫不费气力。这就叫做在读书上多致力，在作文上就轻而易举了。

贵在神解　不守章句

【原文】　读书贵神解，无事守章句。

【译文】　读书贵在能够对书中的主旨心领神会，而不必过于拘泥于它的章节和句子。

行有余力　则以学文

【原文】　子曰："弟子入则孝，出则弟，谨而信，汎爱众而亲仁。行有余力，则以学文。"

【译文】　孔子说："后生少年在家孝顺父母，出外尊敬长辈，做事小心，出言守信，博爱众人，亲近有仁德的人。这样做了之后还有多余的精力，再来用心学习文化知识。"

欲讷于言　而敏于行

【原文】　子曰："君子欲讷于言而敏于行。"
【译文】　孔子说："君子言语要谨慎，行动要敏捷。"

言之不出　耻躬不逮

【原文】　子曰："古者言之不出，耻躬之不逮也。"
【译文】　古时候的人言语不轻易出口，因为怕自己的行动跟不上。

致知力行　功不可偏

【原文】　致知，力行，用功不可偏，偏过一边，则一边受病。
【译文】　求取知识，努力实践，二者不可偏废，偏废一边，另一边就会出问题。

知虽为先　而行为重

【原文】　知行，常相须，如目无足不行，足无目不见。论先后，知为先；论轻重，行为重。

【译文】　知与行的关系是二者相互为用，这好比一个人有眼无足不能走路，而有足无眼又不能看路一样。若论先后，知在行之前；若论重要，行比知重要。

亲历其域　知之益明

【原文】　方其知之，而行未及之，则知尚浅。既亲历其域，则知之益明，非前日之意味。

【译文】　当你刚刚感知这个事物，还没有加以亲身体验的时候，那么你的感知还是浮浅的。如果你已经亲自去经历了一番，那么你的感知就更加明晰，决不是前段时间的意味。

心潜于一　久而不移

【原文】　若夫读书，则其不好之者，固怠忽间断而无所成矣。其好之者，又不免乎贪多而务广：往往未启其端，而遽已欲探其终；未究乎此，而忽已志在乎彼。是以虽复终日勤劳，不得休息，而意绪匆匆，常若有所奔走追逐，而无从容涵泳之乐，是又安能深信自得，常久不厌，以异于彼之怠忽间断而无所成者哉？孔子所谓"欲速则不达"，孟子所谓"进锐退速"，正谓此也。诚能监此而有以反之，则心潜于一，久而不移，而所读之书，文意接连，血脉通贯，自然渐渍浃洽，心与理会，而善之为劝者深，恶之为戒者切矣。此"循序致精"所以为读书之法也。

【译文】 对于读书这件事，那些不喜欢读书的人，本来就是懈怠马虎，没有恒心，那自然不会有什么成就了。那些喜欢读书的人，又不免贪多务广，什么都想看而不求甚解：他们往往是还没有开头，就急于想了解它的结果；还没有弄明白这个，忽然间心就跑到那个上。因此，即使整天辛辛苦苦，顾不上休息地去读书，而心绪慌乱，常常像是在奔跑追逐什么似的，而没有从容不迫地去领会书中深义的那种快乐，这样又怎么能够深信书中所讲的道理，自己有所收获，长久不会厌倦，而不同于那些懈怠马虎，没有恒心无所成就的人呢？孔子所说的"欲速则不达"，孟子所说的"进锐退速"，正是指这个来说的。如果真的能够以此为戒，改变这种做法，而专心致志地学习，

居巢《五福图》

思想长久不转移，使所读的书文意连接，血脉贯通，自然就能深入领会，使自己受到感染，使心与道理相会，然后书中劝人为善的道理才能深入人心，书中戒人作恶的道理才有深切体会。这种循序渐进地去获得书中精华的办法，就是读书的方法。

胸中无识　日勤无益

【原文】 且夫胸中无识主人，即终日勤于学，而亦无益。俗谚谓为两脚书橱，记诵日多，多益为累，及伸纸落笔时，胸如乱丝，头绪既纷，无从割择，中且馁而胆愈怯，欲言而不能言，或能言而不敢言，矜持于殊两尺矮

之中，既恐不合于古人，又恐贻讥于今人。如三日新妇，动恐失体；又如破者登临，举恐失足。文章一道，本摅写挥洒乐事，反若有物焉，以桎梏之，无处非碍矣。

【译文】　胸中没有见识的人，就是整天辛勤地读书，也不会得到益处。俗语所说的两脚书橱，一天天死记硬背得很多，背诵多了越发成为累赘，等到展开纸笔写文章的时候，胸中像一团乱丝一样，头绪纷繁，不知道从哪里删选，心里头尚且气馁，胆量就更加怯懦了，想说而不能说出来，有的能说出来而又不敢说，拘谨在细微的尺度之中，既怕不符合古人的意旨，又怕被人讥笑。就像刚出嫁三天的新媳妇，一举一动都怕失掉了体态；又像是瘸子登山临水，一举一动都怕失脚。写文章这个行道，本来是挥洒的乐事，相反像有东西在那里，来束缚它，没有地方不是障碍了。

聪明虽好　好学更重

【原文】　用知不如用好学，用仁不如用力行，用勇不如用知耻。

【译文】　讲聪明不如讲努力学习；讲仁德不如讲身体力行；讲勇敢不如讲明白耻辱。

君子之学　未尝离行

【原文】　君子之学，未尝离行以为知也。

【译文】　君子做学问，从不认为可以离开实践，就能掌握到真正的知识。

多识力行　据之以德

【原文】　多识而力行之，皆可据之以为德。

【译文】　尽量明了道理并努力照着实行，就能够以此来培养自己的道德情操。

圣贤为学　不专在书

【原文】　圣贤为学，虽不废书，实不专在于书。
【译文】　圣贤做学问，虽然也不忽视书本知识，但实际上并不是只埋头啃书本。

心有所寄　而不妄动

【原文】　人心动物也，习于事则有所寄，而不妄动。故吾儒时习力行，皆所以治心。
【译文】　人的思想是活动的物质，学着做一件事，心就有所寄托，不会轻率地行动。所以，我们时常温习诗书，努力实践，都是为了陶冶思想。

博学不穷　笃行不倦

【原文】　博学而不穷，笃行而不倦。
【译文】　博求学问而不知停止，切实地去做而不知疲倦。

见不若知　知不若行

【原文】　不闻不若闻之，闻之不若见之，见之不若知之，知之不若行之。
【译文】　没有听到不如听到，听到不如见到，见到不如知道，知道不如亲自走一遭。

知而不行　虽敦必困

【原文】　闻之而不见，虽博必谬；见之而不知，虽识必妄；知之而不行，虽敦必困。

【译文】　只是听到，但未见到，尽管听得再多也必定荒谬；只是见到，但不知晓，尽管记得再多也必定虚妄；只是知道，但不实行，尽管懂得再多也必定无济于事。

学之有三　俱无为众

【原文】　学，行之，上也；言之，次也；教人，又其次也；咸无焉，为众人。

【译文】　有了学问，最好是用来指导自己的行动，其次是著书立说，再其次是用来教育别人。以上几点都做不到，就是平庸的人。

思获觊亲　触获诣速

【原文】　学有思而获，亦有触而获。思而获，其觊亲；触而获，其诣速。

【译文】　学习需要思考才能有得，只要长期逐渐思考，一碰到机缘，一下子全领悟了。

切戒慌忙　涵泳味长

【原文】　读书切戒在慌忙，涵泳工夫兴味长。

【译文】　读书最防备的是慌忙，而深入细致地阅读、领会，那兴趣、味道是很深长的。

学不知方　反滋其蔽

【原文】　学所以开人之蔽，而致其知，学而不知其方，则反以滋其蔽。

【译文】　学习是为了解决人感到迷惑不解的问题，从而使人明白。学习如果不了解学习方法，就反而使人更加迷惑不解。

用力精到　方才能造

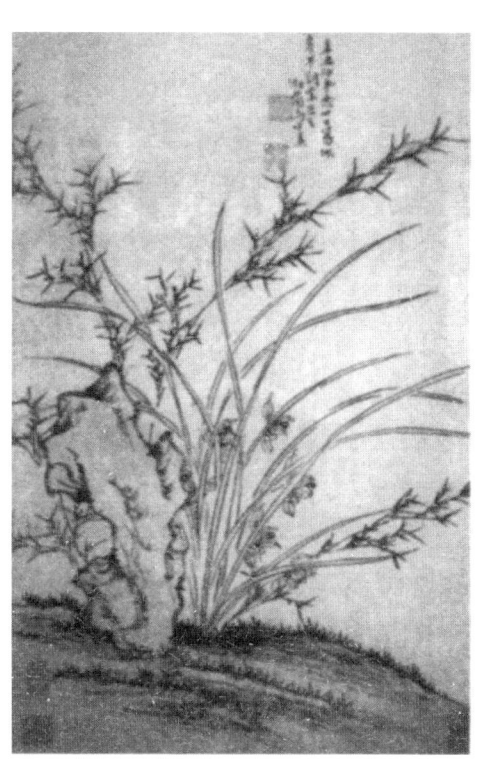

【原文】　文章要法，在得古作者

马守真《兰竹图》

之意。意既深远，非用力精到，则不能造也。前辈于《左氏传》、《太史公书》、韩文、杜诗，皆熟读暗诵，虽支枕据鞍间，与对卷无异。久之，乃能超然自得。今后生用力有限，掩卷而起，已十亡三四，而望有得于古人，亦难矣。

【译文】　写文章的重要方法，在于能掌握古代作家写文章的精神。古人的作品既然含义深远，不精心地去探讨，是不能领会它的精神的。前辈对《左传》、《史记》、韩愈的文、杜甫的诗，都能熟读暗暗地背诵，即使躺在床上，骑在马上，也与面对着书没有什么不同。时间久了，才能超出前人，挥笔自如。现在的年轻人用的精力有限，合起书本站起来，已经忘掉了十分之三四，而希望在古人的作品里得到些什么，也是很困难的了。

读书千遍　其意可见

【原文】　朱子曰："童遇云：'读书千遍，其意可见。'"又曰："思之思之，又重思之，思之不通，鬼神将教之。非思之力也；精神之极也。"非妄语也。此言读书熟思之精，自有通悟时也。

【译文】　朱熹说："童遇讲：'读书一千遍，书中的意思就可以领会到。'"又说："思考了又思考，思考了的问题又重新再思考，思考了还不能通晓，鬼神将来教诲你。这不是思考的作用，而是自己精神境界达到了最高程度。"这不是胡言乱语。这是讲读书只要能周密的思考，自然有通贯领悟的时候。

迅风飞鸟　响绝影灭

【原文】　读书不寻思，如迅风飞鸟之过前，响绝影灭。

【译文】　读书而不思考问题，就像鸟很快在眼前飞过、风很快在面前吹过一样，响声过后而踪影全无。

潜心积虑　义理融合

【原文】　立志已定，用功不差，潜心积虑之久，义理自当融会。

【译文】　如果做学问的志向已经确立，用功不差，只有能长时间地静下心来研究问题，并且做到专一至诚，对"义"、"理"的理解自然就能融会贯通。

儒者为学　归于明道

【原文】　儒者之为学，归于明道而已，使论得乎道真，虽纬说稗官，亦可从信，……使与道有背驰，虽程朱之论，亦可以正而救之。

【译文】　读书人做学问，其目的在于明道罢了。如果通过讲论能使道德真实，即使是杂说野史，也可以相信……如果所论的是与道有相违背，那么，即使是程颢、程颐、朱熹的讲论，也可以纠正它。

圣贤之知　思见之会

【原文】　夫圣贤之所以为知者，不过思与见闻之会而已。

【译文】　圣贤之所是充满智慧的人，不过是因为他们在思考问题时，是结合自己所见所闻进行的。

不学不虑　下流同归

【原文】　不学不虑，因欲而行，则下流同归也。

【译文】　不学习不思考，想怎么干就怎么干，那就必然同品德卑劣的人归为同类了。

读有字书　识无字理

【原文】　读有字书，却要识没字理。

【译文】　读书不能停留在字面上，而应理解包含在字里行间的深意。

学博思远　思困学勤

【原文】　学非有碍于思，而学愈博则思愈远；思正有功于学，而思之困则学必勤。

【译文】　学习不会有碍于思索，而且学习越广博，思索得越深远，思索得成功有助于学习，思索感到困惑，学习必然更加勤奋。

破卷取神　去其糟粕

【原文】　或问诗既不用典，何以少陵有读破万卷之说？不知"破"之一字，与"有神"之二字，全是教人读书作文之法。盖破其卷而取其神，非囫囵用其糟粕也。蚕食桑，而所吐者丝也，非桑也。蜂采花，而所酿者蜜也，非花也。读书如吃饭，善吃饭者长精神，不善吃者生疾瘤。

【译文】　有人问道写诗既然不用典故，为什么杜甫有读书破万卷，下笔如有神的说法呢？不知道"破"这个字，与"有神"这两个字，都是教人们读书作文的方法的。读破书而在于吸取书中的精神，并不是囫囵吞枣地吸取它的糟粕。蚕吃桑叶，而吐出来的是丝，并不是桑叶。蜂采花，而酿出来的是蜜，并不是花。读书像吃饭一样，善于吃饭的人长精神，不善于吃饭的人生疾病。

有才善文　有学练事

【原文】　非识无以断其义，非才无以善其文，非学无以练其事。

【译文】　没有见识就不能判断义理，没有才华便无法写好文章，没有学问就不会熟练地处理事务。

不徒记事　识其道理

【原文】　读史不徒记事迹，只识其治乱安危兴废存亡之理。

【译文】　读史书不但记它的事迹，还要了解它的治乱安危、兴废、存亡的道理。

人而无学　固执不通

【原文】　人而无学，则不能烛理；
不能烛理，则固执而不通。

【译文】　一个人没有学问，就不明事理；不明事理，就会固执，而不知道通权达变。

黄鼎《群峰雪霁图》

人要上识　必先下问

【原文】　朋之为人好上识而下问。

【译文】　隰朋的为人喜欢向国君提出自己的见解，因而常常向下面的人询问情况。

问每事者　是知礼也

【原文】　子入太庙，每事问。或曰："孰谓鄹人之子知礼乎？入太庙，每事问。"子闻之曰："是礼也。"

【译文】　孔子进了周公庙，每件事情都要发问。有人就说："谁说叔梁纥的儿子懂得礼呢？他一进太庙，每件事都要向人请教。"孔子听到这话，便说："这正是礼呀。"

好多无定　君子不与

【原文】　多知而无亲，博学而无方，好多而无定者，君子不与。

【译文】　学了许多门知识但没有一门是他喜爱的，涉猎虽然广博却没有治学的方法，喜欢学到的许多知识但没有专攻的学问，君子不赞同这种学习方式。

读书务精　余力纵横

【原文】　读书先务精而不务博，有余力乃能纵横。

【译文】　读书先要求专精而不求于博，行有余力才能博览群书。

书富如海　人力有限

【原文】　书富如入海，百货皆有。人之精力，不能兼收尽取，但得其所欲求者尔。故愿学者每次作一意求之。

【译文】　书籍的丰富如同海洋一般，样样东西齐全。人的精力是有限的，不可能全部拿到手，只能选取你最需要的东西。所以希望爱好读书学习的人们，每次读书都要立一个主要方向。

连篇累牍 不得精妙

【原文】 守晷之下，惟务贪多，连篇累牍，何由精妙？

【译文】 在有限的时间内，只是一味贪多，写文章及著书是一篇接一篇，一本又一本，怎么能做到精妙呢？

启箧而读 临政如流

【原文】 （赵）普少习吏事，寡学术，及为相，太祖常劝以读书。晚年手不释卷，每归私宅，阖户启箧取书，读之尽日。及次日临政，处决如流。既薨，家人发箧视之，则《论语》二十篇也。

【译文】 赵普从青年时代就熟悉官吏事务，但缺少学问，等到当了宰相，宋太祖经常勉励他读书。晚年时，他手不释卷，每当回到家中，就关起门来，打开书箱取出书来，整天地读。到第二天办理公务政事，处置从容。赵普死后，家里人打开他的书箱一看，原来是《论语》二十篇。

菜根生光

《孟子》七篇载经验

孟子出身于战国中期一个破落贵族家庭，小时候家境已不很好。知书达礼的母亲仉氏，切望他将来能够成才，干出一番事业，便把他送到邹国（今山东邹县的东南）的学宫读书。起初，孟子贪玩，学习不怎么用功。有一次，孟子放学回家，正坐在织机前面织布的孟母让他背诵《论语》的《学而》篇，他翻来覆去只会背开头一句："子曰：'学而时习之，不亦说乎！'"孟母非常生气，顺手抓起剪刀，"嘶"地一声，把织机上刚织的布匹剪成两半，说他不刻苦学习，就像被剪断的麻布一样，将来成不了材。经过这场教育，孟子才开始认真读书。

十五六岁时，孟子又到鲁国曲阜寻找孔子的后代，拜孔子之孙子思的门徒为师，跟他学习儒学。在学习中，孟子不断总结经验，摸索出一套学习方法，学业突飞猛进，终于成为一名学识渊博的杰出思想家、政论家和教育家。

大约在三十岁左右，孟子开始仿效孔子的做法，广收门徒，传授学业。在讲学的过程中，孟子除了讲授儒学知识，还将自己的学习经验进行总结，把它们传授给学生，帮助他们提高学习成绩。

孟子强调，学习首先要专心致志，自觉探求。孟子认为，要学到一点知识，掌握一项本领，非专心致志不可。他曾经用一个非常生动的故事来启发学生，说有一个国棋高手名字叫做秋，同时教两个人下棋。一个精力集中，全神贯注，用心听讲，刻苦钻研；另一个心不在焉，虽然耳朵在听着，心里却老在盘算，如果有只天鹅在天空飞过，如何用弓箭将它射落。这样两个学生，成绩必然大不相同，不用心学习的肯定不如专心学习的。讲完这个故事，孟子说："今夫奕（下棋）之为数，小数也；不专心致志，则不得也。"下棋不过是种小技艺，如不专心致志去学，尚且不能掌握，更何况是高深的学问、高超的技艺呢。孟子还认为，学习要有自觉性，自觉用功，自觉探求。他说："求则得之，舍则失之"。孟子举例说，木匠以及专做车轮或车厢的人，能够把制作的规矩方法教给别人，却不能教会别人像他一样具有高超的技艺，谁要想掌握高超的技艺，就得自己刻苦摸索探求。因此，孟子说："君子深造之以道，欲其自得之也。自得之，则君之安；居之安，则资之深；资之深，则取之左右逢其源，故君子欲其自得之也。"这就是说，要想得到高深的学问，就要自觉地追求；只有靠自觉追求得来的学问，才能牢固地掌握，才有深厚的功底，才能左右逢源，用之不尽。

孟子认为，学习必须遵循客观规律，循序渐进。他说："离娄之明，公输子之巧，不以规矩不能成方圆；师旷之聪，不以六律不能正五音"。目力再强的人，手艺再高超的巧匠，不掌握规矩，也画不出方形和圆形；听力再好的乐师，不掌握六律，就不能调出五音。他在和公孙丑讲养气时，进一步指出要尊重客观规律，顺乎自然，不可超越实际的可能性，急于求成。他说："必有事焉而勿正，心勿忘，勿助长也。"接着孟子向公孙丑讲了一个揠苗助长的故事，说宋国有个性急的农夫，总嫌田里的庄稼长得太慢，有一天竟把禾苗一棵棵往上拔高一点。他儿子听到后，跑到田里一看，所有的禾苗全都枯萎了。孟子用这个寓言说明尊重规律、循序渐进的必要性，否则欲速不达，结果只能适得其反，"非徒无益，而又害之"。学习既然要循序渐进，不能急躁冒进，所以孟子又强调必须持之以恒，坚持不懈，反对"一曝十寒"。有一次，徐辟请教孟子：孔子为什么多次称赞水呢？他开导说：有源泉的水滚滚下流，昼夜不息，把低洼的地方灌满了，又继续往前奔流，一直流到海洋。孔子称赞的就是这种有源泉的水。假如没有源泉，一到七八月，天阴多雨时，大小沟渠都流满了，但是到了天晴，很快就干枯了。"流水之为物也，不盈科不行，君子之志于道也，不成章不达"。人之为学，也要像有源泉的水那样，昼夜奔流不息。如果缺乏毅力，中途停止，就会前功尽弃。为了说明这个道理，孟子还反复用挖井、走山路和种庄稼作比喻，说：

"有为者辟若掘井，掘井九仞而不及泉，犹为弃井也。""山径之蹊，间介然用之而成路；为间不用，则茅塞之矣。""五谷者，种之美者也；苟为不熟，不如荑稗。"挖井如果挖到七八丈深不见泉水，不再继续往下挖，就变成一口废井；狭小的山路如果经常去走就会变成道路，停顿一段时间不走，就会被茅草堵塞；五谷如果不成熟就收割，反不如娱米和稗子，便不能食用；学习也贵有恒，否则三天打鱼，两天晒网，必将一事无成。

孟子还主张，在学习中，应该开动脑筋，勤于思考。孔子曾提出"学而不思则罔，思而不学则殆"的精辟见解。孟子继承这个思想，提出了"心之官则思"的著名观点，认为多思出智慧，学习要多动脑筋，善于思考。孟子曾举周公为例，说他

倪瓒《六君子图》

常常想要兼学夏、商、周三代的贤王，实现禹、汤、文、武四位君主所开创的业绩，遇到有同他们不合的地方，就仰头细加思考，夜以继日，一旦豁然贯通，便坐待天明，好立即付之实施。治学也同样必须认真思考，才有所得。有一次，在同公都子的讨论中，孟子又进一步发挥他的这种主张。公都子问他：同是一样的人，为什么有的会成为大人君子，有的却沦为卑微小人呢？他答道：听从身体重要器官支配的便成为大人君子，听从身体次要器官支配的则沦为卑微小人。公都子感到糊涂，又问：同是一样的人，为什么有的听从身体重要器官的支配，有的却听从次要器官的支配呢？他回答说：耳朵、眼睛一类的器官不能思考，因而容易被外物所蒙蔽，它们一和外物接触，就会被外物所迷惑。心这种器官职在思考，由于人的善性，一思考便有所得，不思考便无所得。心这种器官是上天特意给我们人类的，如果首先发挥这种器官的作用，就不会被次要的器官所迷惑而丧失善性。这便是成为大人君子的关键所在。孟子所说的"君子"与"小人"含有明显的阶级性。但

他强调要发挥"心"即思维器官的作用，去认识和把握事物的本质而不为繁纷复杂的表面现象所迷惑，这却是正确的。毛泽东在谈到学习时，曾充分肯定孟子"心之官则思"这句名言，说："脑筋这个机器的作用，是专门思想的。孟子说：'心之官则思。'他对脑筋的作用下了正确的定义。凡事应该用脑筋好好想一想。俗话说：'眉头一皱，计上心来。'就是说多想出智慧。"

后来，孟子在晚年和他的得意门生万章、公孙丑等人"作《孟子》七篇"，还把他的这些学习经验写进书里，留给后人作为借鉴。

荀子劝学言流世

荀子（约公元前313年—公元前230年），名况，又名荀卿，战国时赵国人，是著名的思想家和教育家、儒家学派的大师。

荀子的学识渊博，在当时已被人们所公认。他先后游历过燕、赵、齐、秦、楚等国，见过诸如燕哙、秦昭王、秦相范雎、孙膑、赵孝成王、齐王建，春申君等杰出的政治家、军事家。尤其值得一提的是，他还曾经多次到过齐国的文化中心地——稷下，与不少有名的学者在那里互相切磋学术，并且三次做过这个讲学场所的祭酒（首领），德高而望重。晚年，荀子著书立说，留有《荀子》一书传世。他教过的学生也很多，其中亦不乏当时的名人，如法家的代表李斯、韩非便都曾师从于他，是他的高徒。

个人的博学、广交知名学者与传徒授业，这些经历使得荀子在治学上积累了不少精辟的主张。在他的著作中，论及治学之处，几乎比比皆是。

学不可以已

这是荀子一贯的思想。他强调一个人的学习，是不可以终止的，只有不间断地去学，才能够有所进，也才能够成材。他深刻地说："吾尝终日而思矣，不如须臾之所学也。吾尝跂而望矣，不如登高之博见也。登高而招，臂非加长也，而见者远。顺风而呼，声非加疾也，而闻者彰。假舆马者，非利足也，而致千里。假舟楫者，非能水也，而绝江河。君子生非异也，善假于物也。"

学，对于一个人，都像博见之于"登高"，闻声之于"顺一风"，"致千里"之于"舆马"和"绝江河"之于"舟楫"一样，君子能够假于"学"，就可以不同于常人而"异"了。

荀子还以"木受绳则直，金就砺则利"来作比喻，说明"君子博学而日参省乎几，则知明而行无过矣"。木有了绳矩，便能直；金属刀刃经过磨砺，才能锋利；与这个道理一样，一个人要想聪明而又不犯错误，就只有学习。

学如蜕

学习不能满足于已有的成就，应该不断地有所发明，有所进展，日渐而月进，并且要使之产生质变。这是荀子的又一思想。他说："君子之学如蜕，蟠然迁之。"据傅山《霜红龛集》卷二十五考据、解释，"学如蜕"就是"君子学问，不时变化，如蝉蜕壳"。蝉之蜕壳，是其成虫的表现，君子治学，亦应不断地由量变而达于质变，正是在孜孜不倦中，才使得自己的学问臻于成熟。

为了说明学习要"如蜕"的道理，荀子还用颜色变化和冰与水的关系打比喻。他说："学不可以已。青取之于蓝，而胜于蓝；冰，水为之，而寒于水。"这里，荀子所喻的青与蓝、冰与水，它们的辩证关系，同样很生动地表明了学习中的"进"、"渐"与质变的发展过程。

虚一而静

这里指的是学习态度。虚者，虚心、谦虚也。一个人要想学有所成，就必须"不以所已臧（藏），害所将受"。任何人在自己的头脑里都必然已经储存了一定的知识，并且已经形成一定的主观看法，学者应该有的态度，是不以这些知识、成见，而损害自己再接受新的知识和看法。这便是"虚"，否则就是"满"了。"满招损，谦受益"的成语，是值得学者记取的。

"一"是专一、专心致志的意思，"学之道，贵以专"，古人是从来这样主张的。三心二意，坐在那里，却想着别的；一边学弈，一边又以为将有鸿鹄来，这种态度是绝然学不好的。荀子对"一"做了具体的要求："目不两视而明，耳不两听而聪"。很清楚，我们要是真的做到了这一点，学习是一定会有所长进的。

"静"，指的是心要静，而摒弃一切杂念。正如荀子所说，不以梦剧乱知，谓之静。如同梦境一样的幻想和剧烈的感情冲动，都会乱心，使人难以入静。只有排除掉这些杂念而静下心来，才能够开始学习和钻研。

"虚一而静"，看来确实是一个学者治学的首要态度，它无疑地也正是荀子的一项治学宝贵经验。

锲而不舍

荀子说："不积跬步，无以至千里；不积小流，无以成江海。骐骥一跃，不能十步；驽马十驾，功在不舍。锲而舍之，朽木不折；锲而不舍，金石可镂。"

这段话可谓逻辑严密、论证充实。它先是以"跬步""至千里"，"小流"："汇江海"，以及"骐骥"与"驽马"等作比喻，说明学习贵在聚少而成多，积小而成大，积量而后达到质变的道理；最后则以"锲而不舍，金石可镂"，道出了"韧"在治学中的作用。

事实证明，任何人的治学，只有持之以恒，日月坚持，终年不辍，才可以有成。英国的伟大作家狄更斯就说过："顽强的毅力可以征服世界上任何一座高峰。"在征服学问一座座高峰的道路上，缺乏恒心，没有韧性，"一曝十寒"，是不可能享受到真正成功者的喜悦的！

"锲而舍之，朽木不折；锲而不舍，金石可镂"，一直是我国古代治学成材者的至理名言。

隆师而亲友

在治学上，荀子还十分重视师友的作用。他把师的地位，提得非常高："天地者，生之本也；先祖者，类之本也；君师者，治之本也。"在荀子看来，君与师几乎并重，都是一个社会得以大治的根本。因此，他又说："国将兴，必贵师而重傅……国将衰，必贱师而轻傅。"

有了好的老师，便可以学好，"得贤师而事之，则所闻者尧、舜、禹、汤之道也"对于一个有志于学的人来讲，能够得到好的师教是一条最为便捷的途径："学经莫便乎近其人，学经莫速乎好其人，隆礼次之。"

"友"，在一个人的学习中也是重要的因素。荀子提出，学者应"亲友"，以求得在治学上的"好善无厌，受谏而能诚"，即不断地得到批评和指正，而日有所成。他还明确地说明了朋友的作用："得良友而友之，则所见者忠信敬让之行也"，以致"身日近于仁义而不自知也者"。友人的互相切磋，朋友间的潜移默化薰陶，对于一个学者的成长，是十分重要的，是应该非常珍惜的。

朱熹读书重六法

在中国思想史上，朱熹（公元 1130 年—公元 1200 年）无疑占有非常重要的地位。蔡元培曾以之上比孔子，说"宋之有晦庵（朱熹号晦庵），犹周之有孔子"，日本三浦藤作说他"极以欧洲近世代表的哲学者康德"。的确，朱熹治学勤奋、精谨，学识广博，著述宏富，创见颇多，

恽寿平《山水花鸟册》

是一位成就卓越、影响深远的思想家。他的成就得益于他有一套行之有效的读书方法。他的学生张洪、齐熙非常注意总结朱熹的读书方法，把朱熹论读书方法的话摘编成《朱子读书法》一书，后被程端礼辑人《程氏家塾读书分年日程》而广为流传，产生了很大影响。

《朱子读书法》将朱熹关于读书方法的论述概括、归纳为六条，它们的主要内容有以下几个方面：

一、居敬持志。所谓"居敬"，就是精神专一、注意力高度集中。朱熹说："读书者当将此身葬在书中，行住坐卧，念念在此，誓必以晓彻为期，看外面有甚事，我也不管，只凭一心在书上，方谓之善读书。"他认为只有如此专注才能增进阅读的兴趣、记忆力与理解力。所谓"持志"，就是树立

一个具体目标，或根据一个特殊问题，去书本中搜集、整理有关资料。在此，朱熹特别推崇苏轼的做法，苏轼说："少年为学者，每一书皆作数次读之。当如人海，百货皆有，人之精力不能兼收尽取，但得其所欲求尔。故愿学者每次作一意求之。如欲求古今兴亡治乱、圣贤作用，但只作此意求之，勿生余念。又别作一次，求事迹文物之类亦如之，他皆仿此。"这样以问题为中心读书，目标明确，易得实效，数遍后全书内容即可了然于胸。

二、循序渐进。所谓"循序"，就是遵循教材的客观顺序与学生的主观能力规定学习的课程或进度。在教材方面，朱熹认为读"四书"须以《大学》为先，次《论语》，次《孟子》，次《中庸》。在依照能力方面，朱熹说："量力所至，约其课程而谨守之"，"读书不可贪多，使自家力量有余……如射弓有五斗力，且用四斗弓，便可挽满，己力欺得他过。今学者不忖自己力量去观书，恐自家照管他不过"。所谓"渐进"，就是不能一味求快，而应按照课程逐字逐句逐篇逐章去领会。朱熹说："读书如园夫灌园。善灌者随其蔬果根株而灌之。灌溉既足，则泥水相和而物得其润，自然生长。不善灌者忙急而治之，担一担之水，浇满园之蔬，人见其治园矣，而物未尝沾足也。"他还以人吃饭为譬说明读书宜渐进，他说："如人一日只吃得三碗饭，不可将十数日饭都一齐吃了。一日只看得几段，做得多少功夫，亦有限，不可衮去都要了。"概括起来，循序渐进就是要求"量力所至而谨守之，字求其训，句索其旨。未得乎前，则不敢求乎后；未通乎此，则不敢志乎彼"。

三、熟读精思。所谓"熟读"，就是要把书本反复诵读，至滚瓜烂熟。朱熹称颂张载关于熟读的要求，说："横渠（张载人称"横渠先生"。）教人读书必须成诵，真道学第一义。"朱熹不仅要求读书成诵，而且要求读书遍数，认为"诵数已足，而未成诵，必欲成诵。遍数未足，虽已成诵，必满遍数。但百遍时自是强五十遍时，二百遍时自是强一百遍时"。为了提高读书效果，朱熹认为读书要有"三到"，他说："余尝谓读书有三到：心到，眼到，口到。心不在此，则眼看不仔细，心眼既不专一，却只漫浪诵读，决不能记，记亦不能久也。"朱熹曾自述其熟读的例子说："某少时为学，十六岁便好理学，十七岁便有如今学者见识。后得谢显道《论语》甚喜，乃熟读，先将朱笔抹出语意好处。又熟读得趣，觉得朱抹处太烦，再用墨笔抹出。又熟读得趣，别用青笔抹出。又熟读得其要领，乃用黄笔抹出。至此自见所得处甚约，只是一两句上，却日夜就此一两句上用意玩味，胸中自是洒落。"用不同的色笔圈点可增进记忆、加深理解，为熟读的一种有效辅助手段。所谓"精思"，就是反复寻绎文义，使书中意若出己之心。朱熹认为熟读、精思是密不可分的，只要读得熟，自然思得精。认为精思"这功夫须用行思坐想，或将已晓得者再三思省，却自有一个晓悟处出，不容安排也"。他的学生黄干曾描述朱熹注《四书》时精思时情形，他写道："先师之用意于《集注》一书，愚尝亲见之。一字未安，一语未须，覃思静虑，更易不置，或一二日而未已，夜坐或至三四更，如此章（系指'吾之于人也谁毁谁誉'章。）乃亲见其更改之劳。对坐至四鼓，先生曰：'此心已孤，且休矣！'退而就寝，目未交睫，复见遣小吏持版牌改数字以见示，则是退而未寐也。未几而天明矣。用心之苦如此。"朱熹自己可称得上是熟读精思的典范。

四、虚心涵泳。其义有四：（一）客观的态度，即"以书观书，以物观物，不可先立己见"。读者应站在著者的立场解释书意，而不应根据主观的意愿去揣测古人的本义。（二）不执著己见。朱熹说："读书若有所见，未必便是，不可便执著，且放在一边，益更读书以来新见，若执著一见，则此心便被此遮蔽了。譬如一片净洁田地，若上面才安一物，便须有遮蔽了处。"（三）公正的态度。朱熹认为："读书正如听讼，心先有主张乙底意思，便只寻甲的不是；先有主张甲底意思，便只见乙底不是。不若姑置甲乙之说，徐徐观之，方能辨其曲直。"也就是说，读书时遇到不同的解说，应持公正态度，细心分析比较，以求最适切的解释。（四）接受平正简明的解说，而不好高务奇、穿凿立异。他说："文字且虚心平看，自有意味，勿苦寻支蔓，旁穿孔穴，以汩乱义礼之正脉。"

五、切己体察。就是要求读书时，使书中道理与自己经验或生活结合起来，并以书中道理指导自己的实践。朱熹说："学者读书，须要将圣贤言语，体之于身。如克己复礼，如出门如见大宾等事，须就自家身上体着，我实能克己复礼、主敬礼恕否？件件如此方有益。"并说："读书便是做事。凡做事有是有非，有得有失，善处事者不过称量其轻重耳。读书讲究其义理，判别其是非，临事即此理。"

六、着紧用力。就是要以刚毅勇猛的精神去读书，并且坚持到底而不懈怠。朱熹说："为学要刚毅果决，悠悠不济事。且如发奋忘食，乐以忘忧，是甚么精神，甚么筋骨！"又说："读书如战阵厮杀，擂着鼓，只是向前去，有死无二，莫更回：头是得。"他还说："为学正如撑上水船，一竿不可放缓。"他继续打比方说："看文字须如酷吏治狱，直是推勘到底。""做功夫一似穿井相似，穿到水处，自然流出来不住。"

居敬持志、循序渐进、熟读精思、虚心涵泳、切己体察、着紧用力是朱熹的六种读书方法。朱熹运用这些方法取得了治学的巨大成绩。朱熹曾作有《观书偶感》诗，表现了读书有得的欣喜之情。这首诗是这样写的："半亩方塘一鉴开，天光云影共徘徊。问渠哪得清如许？为有源头活水来。"

子厚罹难著华章

柳宗元（公元 773 年—公元 819 年），字子厚，河东（今山西永济）人，唐代杰出的文学家、思想家和诗人。他的一生屡遭打击，历尽坎坷，在荒僻的永州（治今湖南零陵）和柳州（治今广西柳州）度过了十三载艰难而孤寂的岁月，最终以盛年之身郁郁客死他乡。然而，也正是在这些罹难的日子里，在他如椽的笔端下，倾泻出何其瑰奇宏丽的名篇，凝结出何等悲愤慷慨的诗章！

从永贞革新失败后，满腔治国平天下热忱的柳宗元交上了厄运。永贞元年（公元 805 年）八月，他作为革新派的骨干被贬谪为邵州（治今湖南邵阳）刺史，犹如突然坠入深渊。九月，在秋风萧瑟中，他奉老母离开长安南下，途中，又被追贬为永州员外司马。

当时，永州是所谓蛮荒之地，而员外司马实为"拘囚"。柳宗元一家栖身在山岗上的一所古庙里，老母竟一病不起，旋即辞世。居室又接二连三发生火灾，有一次大火封门，他情急中从墙洞爬出，才幸免于难，但本来不多的书籍、家当全都化为灰烬。这一桩桩的打击几乎使他心灰意冷，难以自持，在给友人的信中写道："仆辈坐益困辱，万罪横生，不知其端，……悲夫！人生少六七十者，今三十七矣，长来觉日月益促，岁岁更甚，大都不过数十寒暑，无此身矣，是非荣辱，又何足道。"可是劫难仍然未己，老天又夺去他心爱的幼女，他的悲痛之情达到了顶点。

或许悲痛太多使人麻木，或许苦难频仍使人彻悟。不过对柳宗元来说，医治心灵上累累创伤的良药乃是"闲依农圃邻，偶似山林客"。他走出家门去和普通老百姓交往，到景色宜人的山水中徜徉，社会生活和美妙的大自然也给他以滋养和灵感。

心情稍稍平静以后，柳宗元在潇水之西的冉溪买地一处，构事筑室，作久居之计。他以为"贤者不得志于今，必取贵于后，古之著书者皆是也"，遂"始有志究心于文"。他的大部分作品，就是在这里写成的。

农民和农村生活成为柳宗元笔下的一个新的主题。在《首春逢耕者》中，他描写清新的田野和忙碌的农耕生活，描写他向"田夫"倾吐心曲的情景。《田家三首》是他有一次留宿农家的所见所闻，揭露了官府横征暴敛、里胥的凶狠狡诈，表达了他对农民"竭兹筋力事，持用穷岁年；尽输助徭役，聊就空自眠"的深切同情。在接触农民生活中，他看到苛重的赋税徭役导致农村经济凋蔽，农民破产流亡，根源在于官府的苛政和吏治的腐败，因而写成《捕蛇者说》这样一篇意蕴深邃的名作，形象地刻画了在死亡线上挣扎的劳动人民，谴责赋敛之毒甚于毒蛇。柳宗元"唯以忠正信义为志，兴尧、舜、孔子道，利安元元为务"，因此，他拥护统一，反对藩镇割据；渴求实行仁政，反对酷刑重赋、贪官污吏。他抱着这样的信念参加永贞革新，遭到贬谪后仍然没有放弃这一信念，而且"益自刻苦"，进行深入的理论探索。在著名的《封建论》中，他指出历史是发展变化的，封建制（即分封制）的出现是当时历史条件决定的，而不是出于圣人的意志。他论证了秦朝速亡是由于暴政，"在政不在制"。他反对"继世而治"的贵族世袭统治，显然针对着当时的藩镇割据，具有强烈的现实意义。在《六逆论》中，他提出择嗣、用人的标准是治国的根本，贵、亲、旧而愚者不如贱、远、新而圣且贤者。把任人唯贤的原则应用于择嗣，柳宗元等革新派在反对立李纯为太子的实践中失败了。当李纯成为皇帝，他以罪吏之身仍然敢于坚持，这是需要极大的理论勇气的。柳宗元"读百家书，上下驰骋"，对更深层次的哲学问题进行反复研究，撰写了《天对》、《天说》、《非国语》等诗文。他坚持唯物主义的元气论，认为天是没有意志的，是元气的存在和运动，天不能赏功罚祸。他写道："功者自功，祸者自祸，欲望其赏罚者大谬。呼而怨，欲望其哀且仁者，愈大谬矣。"《国语》"其文深闳杰异"，"而其说多诬淫"，影响很大，而柳宗元对其中的灾祥、福佑、命数、禄相、卜筮、谣应、神怪、妖异等内容进行了具体有力的批驳。

柳宗元写得更多的是文学作品。他到永州郊外揽胜寻幽，写下传诵古今的《永州八记》，以极其简练、生动的笔触，描绘了优美的山光水色，也寄托着自己的情怀。如脍炙人口的《江雪》："千山鸟飞绝，万径人踪灭，孤舟蓑笠翁，独钓寒江雪。"从孤寂的画面上，我们读出了作者落寞的心境。柳宗元还创作了不少寓言、传记，《黔之驴》、《临江之麋》、《永某氏之鼠》、《段太尉逸事状》等极富艺术感染力，使人百读不厌。

王夫之博学求治

王夫之（公元 1619 年—公元 1692 年），字而农，又字薑斋，湖南衡阳人。晚居湘西石船山，学者称之谓船山先生。他是明末清初杰出的大思想家和大学问家，与当时的顾炎武、黄宗羲并称为"三大儒"。

王夫之从小受到良好的家教。其父修侯，少从游伍学父，又问道邹泗水，承邹守盖之传，以真知实践为湖南的知名学者。王夫之少闻庭训，传承家学，并致力于研究关学，并且对先秦以来诸子百家之学广博涉猎，打下了扎实的学问功底。

年二十五，清兵席卷南国，下湖南。王夫之以满腔的爱国热情，组织义军，在衡山狙击清兵。后因寡不敌众，战败军溃，投奔南明政权从事抗清斗争。在这里他曾任行人司行人之职，很想为拯救明政权干一番惊天动地的事业。但是，南明政权却十分腐败，而且内部互相倾轧，王夫之因劾王化澄几乎在狱中丧命。后来他投奔瞿式耜，协助他在桂林抗击清兵。桂林失陷后，王夫之幸免于死，在兵荒马乱之中昼伏夜行，历尽艰辛万苦，从间道逃回故里。时年三十三岁。从此，他栖伏林谷，随地托迹，东躲西藏，惶惶不可终日地度过了他的后半生。

明朝的灭亡，和抗清斗争的惨败，不仅使王夫之有切肤之痛，而且使他深刻认识到明朝灭亡的原因在于政治腐败和学术空疏。由此，他决心以百折不挠的精神和毅力，致力于明亡教训的总结和从事于实学的研究，以笔代戈，在思想与学术领域继续开展复明抗清的斗争。尽管他衣不保暖，食不保继，居无定所，朝夕不保性命，但他在后半生的四十年里，无时无地不以天下为己任，苦心孤诣，呕心沥血地从事于学术研究，撰写了近300卷的著作，其内容广泛涉猎了历史、经学、哲学、教育、经济、政治、军事、地理、制度、天文、象数等各个领域，其著述之丰，论列之博，思想之新，开拓之广，非但时儒莫及，而且就历代诸儒而论，其博大宏括，幽微精奇，亦属出类拔萃。

查士标《山水图》

王夫之在思想与学术上的贡献是多方面的，诚属可贵。但对于时人和后人来说，他那博学深思力行求治的治学之道，也非常有价值。

首先，王夫之十分注重博采百家之长，极反对和鄙视宋明诸儒学宗一家或以"语录"为学问的不良学风。学宗一家，往往执门户之见，拒绝接受他家的长处，使学问的路子越走越窄，以致固步自封，缚己于师家学说门户之内，始终在门户权威影子笼罩之下转来转去，丧失学术创造的生命力。以"语录"为学问，宋儒有之，明儒尤甚。王夫之以为这种语录学问使人游谈无根，全不着实际，以致使明代学术流入空疏无用。为矫正这种不良学风，王夫之主张博学，要求学者打破门户之见，着眼于经世致用，凡于"古往今来之道"都应博学慎知明辨，以有用于治乱兴邦，建功立业。他说："天下之用，皆其有者也。吾从其用而知其体之有，岂待疑哉？用有以为功效，体有以为性情。体用胥有而相需以实。……故善言道者，由用以得体；不善言道者，妄立一体而消用以从之。"学问贵在识体见用，凡有用于治世之道，都应当广泛研习，如果囿于一家之言，则往往只看到一时一事的利害；"以一时之利害言之，则病天下；通古今而计之，则利大而圣道以弘"。他不仅从理论上阐述了博学弘道的必要性，而且力体力行，于古今百家之书无不博览，故其学淹贯古今，博大宏括。

其次，王夫之在博学基础上主张学贵独立思考，通过覃精竭思，形成具有个人思想风格的学说观点。博学贵在广泛地"择善"与增益自己的知识，因为"择善必精"，通过厂博学习必然撷取百家之长，取百家之长既能丰富自己知识，但更重要的是为建立自己的学说增加更加多的精神食粮。他说，博学如不能使自己"日生日新"，且"充之不广，引之不长，澄之不清，增之不富"，是不懂博学目的的"杂学"。学贵择之精而执之固，而什么是"精"？如何执固？如何"日生日新"？这就要靠自己善于独立思考。独立思考，对于百家之学要在循名求实，"问以审之，学以证之，思以反求之，则实在而终得乎名，体定而终伸其用"。如果"知名不知其实，以为既知之矣，则终始于名，而悄悦以测其影，斯问而益疑，学而益僻，思而益甚其狂惑"。王夫之继承了古代学思结合的为学原则，强调博学是慎思的基础，思是学的深入，只有通过深思，才能使所学知识消化吸收，才能使自己的学问与德性"日生日新"。

第三，王夫之以为"力行"是善学的重要方法。博学深思非常必要，但只是基本功夫，或者说只是见诸书本上的"道问学"，属知的范围。知是为了行，而行则要有一种实际能力。"夫能有迹，知无迹。……知无迹，能者知之迹也。废其能，则知非其知，而知亦废"。他批评宋明诸儒尊知贱能，销行为知，以致终身只做得笔头口头学问，而没有治国平天下的"力行"之功，遂使宋明亡于异族，大好山河拱手献敌。他说："行可兼知，而知不可兼行。……君子之学，未尝离行以为知也。"所谓力行，在王夫之看来，不外乎综实理，切事实，以荣生而淑世。以为"知必以行为功"，学问与德性修养都要以行来检验，都要以有功于世为旨归。因为，"人之所以为人，不能离君民亲友以为道，则亦不能舍人伦物曲以尽道"。他批评宋明学者"绝物求静"和"舍天下之善而不取"的学风，以为这种学风实源佛、老的静心养性，是尽弃"人道"和"治道"的"偷安"之学，它养成了一种不切实际又无能无功却"汪洋自恣"的"狂者"，结果让国家败亡在这些人的手里。

由此，他力倡学必以行为功的学风，要求学者在现实政治、伦理之本上用实功，以经世致用作为学习目的。

第四，王夫之既以经世致用为学习目的，则极力强调学者应在"求治"上因时因事变革学术，推动社会进步。宋明诸儒，言必称孔孟之道，行必遵古法。王夫之以为这是不善学的愚蠢作法。他说："一代之治，各因其时，建一代之规模，以相扶而成治。……未有慕古人一事之当，独举一事，杂古于今之中，足以成章者。……浮慕前人之一得，夹杂于时政之中而自矜复古，何其窒也"。王夫之打破"道一不变"的传统观念，以朴素的历史进化论阐述了"治道"日变的见解，以为"无其器则无其道"，一切"道"、"理"、规律、秩序、法度都必然寓于现实事物之中，不能离开事物去求道。学者研读经史之学，旨在"知人安民之精意"，顺其事物必然之势求其治道，以解决现实具体政治问题。如果不是这样，死守古籍，穷精竭力于经史，则是"泥古"。王夫之从"求治"目的出发，主张学者读经治史必须联系现实国家政治实际，抛弃传统的以伦理是非、认识对错、动机善恶为转折和标准的历史观和"治道"论，而是深刻领会"先王不恃其法，而恃知人安民之精意"，因时因事变化以制其宜。王夫之主张，现实政治要立足于合乎人情时势，不要一味浮慕古人，古人在政治上亦有得失利弊，若"泥古过高，而非薄方今，以蔑生人之性"，必然会"乐道古"而遗实。即使古人成功之处有可取者，也要根据现实需要，"揆之以理，察之以情，取仅见之传闻而设身易地，以求其实"。他在其史学论著中，广泛论列和分析了古代的治法、井田、取士、兵农以及封建、郡县等等，以为任何古人的治国措施都有利弊得失，不可一概而论。故善学求治者借鉴古人经验尚可，而泥于古人则不可。他所著《噩梦》、《黄书》等，均体现了"求治"精神，其思想之博大宏深，确为罕见。

张履祥耕读并重

清顺治十五年（公元 1658 年）出版的《补农书》，是继陈旉《农书》之后又一部研究江南稻区农业生产技术的重要著作。该书系统总结了苏嘉湖地区农业和蚕桑生产的经验，在提高农业生产技术方面有许多重要创造，发挥了指导、推动农业生产的作用，其中不少见解至今仍有一定参考价值。《补农书》分上下两卷，上卷作者是明末湖州沈氏，下卷由清初张履祥辑补。张履祥是清代践履笃实，学术纯正，被朝廷批准从祀孔庙的著名大儒，在中国思想史上占有重要地位；以这样一个大思想家的身份亲自辑补撰作出具有重要科学价值的农书，这在中国历史上堪称绝无仅有。张履祥的思想、学业、品德俱有可足称道之处，而他耕读并重的治学思想与实践尤其给人以深刻的启迪。

张履祥（公元1611年—公元1674年），字考夫，号念芝，浙江桐乡杨园村人，世称杨园先生。杨园七岁丧父，孤贫困窘，母亲沈孺人纺织操劳延师课子，谆谆教诲他："孔子、孟子亦是两家无父之子，只因有志向上，便做到大圣大贤，汝若不肯学好便流落无底。"早年艰苦环境的磨炼和从小胸怀大志刻苦励学的实践，对他日后的成长和治学思想产生了重要影响。杨园择师交友十分审慎，先后从师黄道周、刘宗周等名家，于学问、道德方面深受影响。刘宗周思想开明、颇有气节，明亡后绝食二十日而卒，张履祥在桐乡县令降清后也曾绝食三天，此后终身隐居不仕。

杨园虽经名师指教，获益非浅，但却主张治学不应作茧自缚，不可只读一家之书，固守一师之说。针对"为应举者，则曰科举之学；为治道者，则曰经济之学；为道德者，则曰道学；为百家言者，则曰古学；穷经者，则曰经学；治史者，则曰史学"的不良学风，他提出"为学只一件事，非有岐也"，诸学融会贯通，"一而已矣，理义之谓也"。他还援引"上蔡通史不遗一字，程子责其玩物丧志"为例，强调"读书只是功夫之一种，非不能读书便无工夫也。但择善之功惟读书为得益之易，故以为先务耳"。他认为"读书所以明理，明理所以适用"，最终目的要有益于经帮济世。平日常令门人读唐陆贽、宋李纲等名臣奏议，并教诲门人"须读有用之书，毋专习制义，当务经济之学"。他还手订《澉湖塾约》，指出："近代学者废弃实事，崇长虚浮，人伦庶用未尝经心，是以高者空言无用，卑者论胥以亡。今宜痛惩，专务本实。"

杨园治学不但强调不守一师之说，当务经济之学，而且提出耕读并重的主张。他曾手书示儿："吾所守者'耕田读书，承先启后'八字。"他认为

"人须有恒业，无恒业之人，始于丧其本心，终于丧其身。然择术不可不慎，除耕读二事无一可为者。许鲁斋有言，学者以治生为急；愚谓治生以稼穑为先，舍稼穑无可为治生者。能稼穑则可无求于人，无求于人则能立廉耻。知稼穑之艰难，则不妄求于人，不妄求于人则能兴礼让。廉耻立，礼让兴，而人心可正、世道可隆矣"。他对"近世以耕为耻，只缘制科文艺取士，故竞趋浮末，遂至耻非所耻"的风气很不以为然。在他看来，无财非贫，忘稼穑为贫；无官非贱，废诗书为贱。重耕不但关乎治生济世之大本，而且可改变世风，使"无游惰之患，无饥寒之忧，无外慕失足之虞，无骄侈之习"。杨园认为力耕对于学者励志成才担当大任尤其重要。犹如晋人陶侃日运

戴进《风雨归舟图》

百甓，意在"吾方致力中原，过尔优逸恐不堪事"；刘大夏教子读书兼力农，强调"习勤忘劳，习逸忘情"，都寓有"吾困之正以益之也"的深意。故"凡人不可以不知劳"，否则爱以姑息，美衣甘食，"养成膏粱纨袴气体，稼穑艰难有所不知，一与之大任，必有不克负荷者矣"。所以"劳苦种种，正以为动忍地也。动心忍性，所以为大任地也"，进而提出，学者"须从百苦中打炼出一副智力，然后此身不为无用，外可以济天下，内可以承先人"。当然，重耕并不意味废读，杨园提倡耕读并重是针对读书人治学而言，"稼穑艰难，自幼固当知之，但馌力尚待长大；若诵读研术，童而肆之，至老不可舍"，两者不可偏废。他还驳斥读书和务农不能兼顾的观点，指出"人言耕读不能相兼，非也"，农活带有季节性，一年之中多则半年，而这半年中每月都有几天空闲，一天之内也有空闲的时刻，完全可以充分利用这些空闲时间读书、治学，做到两不相误。

张履祥不但以"耕田读书，承先启后"教育子弟、门人，而且身体力

行，做出表率。他一生"自奉甚俭，终身布衣蔬食"，甚至"冬卧草苫，夏卧竹簟"，处馆授徒，每以"不拜客，不与筵席，不赴朔望之会"为先决条件。平日"耕田十余亩"，每逢播种、收获农忙之际，"在馆必归，躬亲督课，草履箬笠，提筐佐饷，其修桑枝则老农不逮也。种蔬莳药、畜鸡鹅羊豕无不备"。他力农耕地十分重视"早作夜思，细心耐事"，"屡试明验"，善于总结经验，反复试验，从中摸索规律，提高经济效益，因而"凡田家纤悉之务，无不习其事，而能言其理"，所种水稻产量高出当地上等农夫百分之四十；小麦产量，上等农户不到他的一半，一般农户只有他的三分之一；桑叶产量，上等农户也只及他的一半。正因为如此，他才能"以身所经历之处，与老农所尝论列者，笔其概"，辑补编撰出具有很高科学水平和应用价值的《补农书》。

姚察父子双作史

二十四史中有一部记载南朝梁代历史的《梁书》，一部记载南朝陈代历史的《陈书》，这两部书的作者题名都是姚思廉，其实这是姚察、姚思廉父子合撰的，他们父子相继经历陈、隋、唐三朝，历时数十年才完成。由此可见作史之难，而他们那种"专志著书，白首不倦"，子继父业，矢志不渝的精神更是十分令人敬佩的。

姚察（公元 533 年—公元 606 年），字伯审，吴兴武康（今浙江德清西）人。生于梁武帝中大通五年（公元 533 年），卒于隋炀帝大业二年（公元 606 年）。他自幼刻苦好学，"六岁，诵书万余言"。他身体羸弱，不好玩耍，"博弈杂戏，初不经心"。只知用功读书，"勤苦厉精，以夜继日。年十二，便能属文"。他的父亲姚僧垣对他的培养教育也很下功夫。姚僧垣在梁朝做官，每当从朝廷得到赏赐之物，便全部交给姚察兄弟，让他们作为"游学之资"。可是姚察把那些财物全部用于"聚蓄图书"，"由是闻见日博"。当时梁简文帝萧纲还是太子，他喜好文学，"盛修文义"，姚察十三岁那年，被萧纲召引到宣猷堂去"听讲论难，为儒者所称"。后来，由于中书侍郎领著作杜之伟的推荐，姚察任佐著作，参与撰史工作。从此，姚察开始了他的史学生涯。

有一次他代表梁朝出使北周，有个叫刘臻的人，偷偷跑到姚察下榻的公馆拜访他，向他请教有关班固《汉书》的疑问十余条，姚察给他一一加以剖析，说得有根有据，刘臻非常佩服，对自己的知己夸赞姚察说："名下定无虚士"。可见姚察的史学功底之深厚。

陈朝取代梁朝以后，由于姚察曾在梁朝做官，熟悉梁朝历史，同时又有深厚的史学功底，所以被任命负责修撰梁史，《梁书》的修撰工作从此开始。隋灭陈统一全国后，开皇九年（589）姚察被隋文帝任命为秘书丞，并下令让他继续完成梁、陈二代史。隋文帝对这两部书的撰写很关心，曾派内史舍人虞世基向姚察索要梁、陈二史的稿本。姚察把已完成的部分上交隋文帝，文帝藏之于内殿。姚察虽然身兼官职，但他始终把兴趣放在做学问和修史上，"终日恬静，唯以书记为乐，于坟籍无所不觌。……且专志著书，白首不倦，手自抄撰，无时蹔辍。尤好研核古今，谇正文字，精采流赡，虽老不衰"。他这种孜孜不倦的治学精神，一直保持到他七十四岁去世的时候。姚察临终之前，仍念念不忘修撰梁、陈二史的大事。他生前才完成全书的一半左右，其中他计划要撰写的序论及纪、传均还有所遗缺，因此，他"临终令思廉续成其志"。"以体例诫约子思廉，博访撰续，思廉泣涕奉行"。

姚思廉果然没有辜负他父亲的期望。

姚思廉（公元557年—公元637年），字简之。由于家庭环境的影响，他从小就刻苦好学，对学问专心致志，"勤学寡欲，未尝言及家人产业"。父亲为了让他继承自己的事业，特别培养他学习历史，"思廉少受汉史于其父，能尽传家业"。姚察死后，姚思廉上书隋炀帝，陈述了姚察临终遗言，炀帝下诏"许其续成梁、陈二史"。但是二史尚未修成，不久隋朝灭亡。入唐以后，他的学识和为人都受到新统治者的赏识，姚思廉于贞观初年迁著作郎、弘文馆学士，唐太宗于宫中画《十八学士图》，姚思廉即在其中。太宗令褚亮在姚思廉画像旁写的赞语，有"志苦精勤，纪言实录"之句，可见时人对他的学风和史才的看重。贞观三年（公元629年）他又受诏续撰梁、陈二史。姚思廉以其父姚察的稿本为基础，广泛吸收诸家梁史、陈史，终于在贞观十年（公元636年）撰成《梁书》五十卷，《陈书》三十卷。当时，魏征是梁、陈、齐、周、隋五史的监修官，魏征对梁、陈二书的部分纪、传多有论赞，但是，"其编次笔削，皆思廉之功也"。二史修成以后，唐太宗很高兴，"赐绊绢五百段，加通直散骑常侍"。

梁代的历史，曾有许亨、谢吴（新旧唐书作谢炅）等九家《梁书》，陈代的历史也有顾野王和陆琼的《陈书》，但这些梁陈史书后来都散佚而没有流传下来，只有姚察、姚思廉父子的《磔书》、《陈书》传至今天，两书史料丰富、编撰得法，是我们今天研究梁、陈二代历史的主要依据。其史料价值是很高的。特别值得提出的是，在行文方面，姚氏父子不用当时盛行的骈文，而仿效司马迁、班固用简练的散文叙事，其意义正如赵翼在《甘二史札记》中所说："世但知六朝之后，古文自韩昌黎始，而岂知姚察父子已振于陈末唐初也。"把他们说成是韩愈古文运动的先驱，这个评价是相当高的。

贞观十年《梁书》、《陈书》修成之后，第二年（即贞观十一年，公元637年）姚思廉就去世了。

李贺沥血吟诗句

李贺（公元790年—公元816年），字长吉，唐朝疏宗郑王李亮的后裔，生于福昌（今河南宜阳）。据说李贺是一个早慧少年，7岁就能作诗。当时，文学家韩愈和皇甫湜不相信有这般聪慧的孩子，有一次，他们路过李贺家，便进门让李贺当面赋诗。李贺不假思索，提笔就写了一首题为《高轩过》的诗，二人连连称奇。

然而，天才更主要的是来自勤奋，李贺呕心沥血写诗的精神十分感人。每天，当太阳初升的时候，身材纤瘦的李贺就骑着一匹瘦马出门。他身上背着一只破旧的锦囊，身后跟着一个小书僮，信马由缰而行。一边观赏山光水色、花鸟草木，一边苦思冥想，捕捉稍纵即逝的创作灵感。每有所得，便赶紧记在纸片上，投进那只锦囊。直到暮色降临，他才走进家门，晚上还要对白天写的诗进行修改补充。除了喜庆吊丧，喝醉酒以外，他每天都这样早出晚归。他的诗就是如此写出来的，有什么感受就写什么，从来不曾先命题后作诗。他母亲很为他的身体担忧，等到李贺回家就吩咐婢女检查锦囊，如果发现纸片稍多，便生气地说："是儿要呕出心乃已耳"。可见，李贺的诗不是写出来的，而是心血的结晶。

他的诗具有强烈的个性，色彩浓郁，形象鲜明，充满浪漫主义的气息，语言极精练，每个字都经过锤磨之功。史称"其文思体势，如崇岩峭壁，万仞崛起"。这个评价的确把握了李贺诗的特点。如：

茂陵刘郎秋风客，夜闻马嘶晓无迹。

画栏桂树悬秋香，三十六宫土花碧。

魏官牵车指千里，东关酸风射眸子。

空将汉月出宫门，忆君清泪如铅水。

衰兰送客咸阳道，天若有情天亦老。

携盘独出月荒凉，渭城已远波声小。

（《金铜仙人辞汉歌》）

黑云压城城欲摧，甲光向日金鳞开。

角声满天秋色里，塞上燕脂凝夜紫。

半卷红旗临易水，霜重鼓寒声不起。

报君黄金台上意，提携玉龙为君死。

（《雁门大守行》）

诗中的"天若有情天亦老"、"黑云压城城欲摧"以及"雄鸡一唱天下白"等都是千古传诵的名句，都是他呕心沥血所得。

李贺虽然才华横溢，但在仕途上却遭到严重的挫折。当时人们最重视科举中的进士科，以进士出身为荣。凭李贺的才学，考中进士本来不是什么难事。可是他在顺利通过河南府试，正兴高采烈地准备去应进士考试时，突然有人说其父名晋肃，"晋"、"进"同音，应该避"家讳"，不得应进士举。这不啻是一个晴天霹雳，一下子断送了李贺的锦绣前程。韩愈对他非常同情，专门写了一篇《讳辨》的文章说：父亲名叫晋肃，儿子就不能应进士举，如果父亲名叫仁，那么儿子就不能作人了吗！他鼓励李贺去参加进士考试。结果韩愈也因此遭到人们的指责，而李贺终于失去了成为进士的机会，后来只做了一个奉礼郎的小官。

在如此沉重的打击下，李贺郁郁不欢，但仍坚持呕心沥血地写诗。劳累与抑郁过早侵蚀了他的健康，年纪轻轻就长出很多白发。他在诗中写道："月夕著书罢，惊霜落素丝，镜中聊自笑，讵是南山期"。元和十一年（公元816年），诗人撒手而去，年仅二十七岁。由于他的勤奋，他给世人留下了二百多首诗，更留下了发愤图强的精神。

贾岛二句三年得

贾岛（公元 779 年—公元 843 年），字阆仙（一作浪仙），范阳（今河北涿州）人，是唐代著名的"苦吟诗人"，以努力、刻苦著称。他一生十分注重词句的雕琢与锤炼，有时为一字一句耗费大量时间和精力。青年时期，他为能有个清静的环境写诗，曾落发为僧，但由于苛刻而枯寂的寺院生活妨碍了诗歌创作而还俗。为了激发创作灵感，他经常骑着毛驴到处旅游，边走边看，边想边吟，写出了不少优秀诗篇。有一次他写成《送无可上人》中"独行潭底影，数息树边身"这两句诗时，兴奋异常，热泪盈眶，原来，他为这两句诗竟整整思索、吟咏了三年！贾岛激动之余，在这两句诗后面附注了一首小诗来表述了自己的心情："二句三年得，一吟双泪流，知音如不赏，归卧故山秋。"由此可见贾岛的苦吟精神和极端严肃认真的创作态度。

贾岛苦吟有时达到如痴如醉的境界。有一次，贾岛骑在驴上吟《题李凝幽居》

董其昌《林和靖诗意图》

时，为诗中"僧推月下门"句斟酌，欲改"推"为"敲"，一时难以决断，遂不自觉地在驴上一边反复做着推、敲动作，一边反复吟咏推、敲二字，对周围的事物都无所觉察，不知不觉冲撞了一位达官的仪仗队，被抓至这位达官马前。幸好这位达官恰是著名文学家、时任京兆尹的韩愈。韩愈了解了贾岛的情况后，认为用"敲"为好，并与贾岛同归，论诗成交。贾遂成为韩门著名弟子之一。

还有一次贾岛骑驴走在长安街上，见秋风扫落黄叶满处皆是，吟出"落叶满长安"，求其下句竟一时不得，遂反复思索、吟咏，没想到冲撞了京兆尹刘栖楚的仪仗队，被抓去关了一个晚上才放出来。

贾岛就是这样孜孜以求、勤苦吟咏，以"二句三年得"的精神进行诗歌创作，形成了自己的"瘦硬"风格，与著名诗人孟郊齐名，合称"郊寒岛瘦"，在唐代诗林中占有一席之地。

王安石手不释卷

宋朝杰出的政治家王安石自幼天资聪颖，又喜好读书。据说，他记忆力极强，读过的书终生不忘。他写文章下笔如飞，像是不动脑子似的。可等他写完，读的人都赞叹文章精妙绝伦。

然而，王安石并不自恃天份高而稍有懈怠，他非常重视后天学习的机会，即便在考中进士走上仕途以后也是如此。他初任签书淮南判官，每天读书通宵达旦，天亮后才小憩片刻。有时他醒得晚了，一看太阳已经很高，就赶忙上府衙，连盥漱都顾不上了。府主魏公见他年轻，误以为是夜里酗酒放纵，有一天从容规劝他说："君少年，毋废书，不可自弃"。王安石也不做解释。后来，王安石担任鄞县（今属浙江）知县，虽然公务十分繁忙，他每天仍然坚持读书、写文章。

当时，王安石曾经写了一篇寓意极其隽永的文章，题为《伤仲永》，讲了个少为神童，终成平庸的故事。文曰：

金谿民方仲永，世隶耕。仲永生五年，未尝识书具，忽啼求之。父异焉，借旁近与之，即书诗四句，并自为其名。其诗以养父母收族为意，传一乡秀才观之。自是指物作诗立就，其文理皆有可观者。邑人奇之，稍稍宾客其父，或以钱币乞之。父利其然也，日扳仲永环谒于邑人，不使学。予闻之也久，明道（公元1032年—公元1033年）中，从先人还家见之，十二三矣。令作诗，不能称前时之闻。又七年，还自扬州，复到舅家问焉，曰："泯然众人矣。"王子曰："仲永之通悟，受之天也，其受之人也，贤于材人远矣。卒之为众人，则其受于人者不至也。彼其受之天也如此其贤也，不受之人，且为众人。今夫不受之天，固众人；又不受之人，得为众人而已耶。

这个故事以鲜明、生动的形象揭示了后天学习比先天禀赋更加重要的道理，很富于教育意义。王安石还说，每个人都有眼能视、耳能听、心能思，这是自然禀赋的能力，"然视而使之明，听而使之聪，思而使之正"，则取决于后天的学习。没有后天的努力，就不能眼明、耳聪、思正。

王安石读书非常宽泛，知识非常广博。他读儒家经典、百家诸子，以至于《难经》、《素问》、《本草》和小说，无所不读。他不仅重视书本知识，也重视生产实践，对农夫、女工等被劳心者所鄙视的人也不耻下问。他认为不论"日月星辰阴阳之气"，还是"山川丘陵万物之形、人之常产"，都是可以认识的。既然"星历之数，天地之法，人物之所"等等学问是前人创立的，那么后人只要经过学习，也同样能够精通。

王安石（"慨然有矫世变俗之志"，他读书作文都是为了实现这一目标；他写出一篇篇好文章，而无心做文学家；他吟唱出一首首好诗，亦无心作诗人，只求"有补于世而已矣"。当时文坛权威欧阳修很赏识王安石的才华，在赠给他的一首诗中写道："翰林风月三千首，吏部文章二百年。"欧阳修把他比作李白、韩愈，殷殷期待之情可见。而王安石在酬答诗中写道："欲传道义心虽壮，强学文章力已穷。他日若能窥孟子，终身何敢望韩公"。王安石并非有意贬低李、韩，只是他不欲以诗文留名后世，只是他更仰慕孟子民贵君轻和经国济民的思想。朱熹认为：王安石"以文章节行高一世，而尤以道德经济为己任。"这个评价是有道理的。

司马光读书万卷

北宋治平三年（公元 1066 年），司马光编成了《资治通鉴》的前八卷，当时命名为《通志》，进献给朝廷。宋英宗对这部"叙国家之盛衰，著生民之休戚"的编年体通史很感到兴趣，令司马光在崇文院设立专门书局继续编撰，可以自行从馆阁中选择英才作为助手。司马光进奏说："馆阁文学之士诚多，至于专精史学，臣得而知者，唯刘恕耳"。于是，原担任和川县令的刘恕被调入书局为僚属。司马光在挑选助手上是很有眼光的，而专精史学的刘恕也没有辜负司马光的信任。

刘恕（公元1032年—公元1078年），字道原，筠州（今江西高安）人。从小聪明过人，读书能过目成诵。父亲刘涣进士出身，当过县令，因为性格刚直，不愿媚事上司，遂辞官归隐于庐山下。虽然家徒四壁，喝粥渡日，他也不以为意。刘恕在这种清贫的生活中渡过了他的青少年时代，他唯爱读书，尤其是爱读史书。十三岁时向别人借来《汉书》、《唐书》，一个月就读完归还。有一次去拜谒宰相晏殊，晏殊问他问题，他人小而博闻强记，反复与晏殊辩论，最后晏殊竟回答不上。刘恕在弱冠之年就考中进士，两次试讲经义，又都名列第一。那时读书人汲汲于科举，读书都局限在科举考试的范围内，很少去读与科举无关的史书，而刘恕"笃好史学，自太史公所记，下至周显德末，纪传之外至私记杂说，无所不览，上下数千载间，钜微之事，如指诸掌"。进士及第后，刘恕历任钜鹿县主簿、和川县令。他在钜鹿任职时，宰相晏殊曾经请他到府中去讲解《春秋》，晏殊亲自带领下属听讲。但刘恕在史学上的名气更大，司马光认为他读书很广博，熟悉史实，讲起历史来滔滔不绝，而且"皆有稽据可考验，令人不觉心服"，是不可多得的史学人才，所以千方百计地把他罗致到《资治通鉴》的编写机构中来。

司马光很倚重刘恕，关于全书的体例、编撰方法和断限等关键问题，司马光都与刘恕一一商量。刘恕"实系全局副手"，最初具体负责五代十国部分，而遇到纷错难治的史事，司马光都交给刘恕去整理。刘恕对头绪纷繁复杂的五代十国历史最为精通，有一天，他同司马光等人去游万安山，看见道路边上有一块五代的列将碑，碑上的人名很生疏，他却能够说出这些人的出身履历，回去后对照史书，分毫不差。尽管如此，他仍然拼命地搜集资料，废寝忘餐地读书。当时的崇文院是史馆、昭文馆、集贤院"三馆"和秘阁的总称，藏书极为丰富，共三万余卷。司马光和他的僚属还被特许借阅龙图阁、天章阁的藏书。但刘恕并不满足，听说知亳州事宋次道的私人藏书很多，就专程到亳州借阅。他到亳州的第二天，宋次道设宴款待，刘恕却不领情，说："此非吾所为来也，殊废吾事！"竟让主人把美食佳肴都撤下去，然后他关起阁门，日夜不停地口诵手抄，十天内把要看的书都看完了就走，眼睛都看坏了。

熙宁三年（公元 1071 年），司马光因为反对王安石变法，被罢免枢密副使之职，出知永兴军。刘恕见司马光离去，也以亲老需要就近奉养为由，请求出监南康军酒，被获准到职后就在当地继续进行《资治通鉴》的编修。次年，司马光调任西京洛阳御史台，编修工作也作了一些调整。刘恕暂时放下五代十国部分，接替原来刘攽负责的魏晋至隋代长编的编写任务。这一段历史同样很纷繁复杂，时间也长，难度较大。刘恕接手后竭尽全力，"专证差缪，最为精详"。虽然他不负责唐代的长编，但他把唐代千余卷的史籍都阅览了，所以对每段历史前能提出自己的意见。熙宁八年（公元 1075 年），刘恕完成魏晋至隋的长编编写后，又立刻转入五代十国长编的编写。翌年，他千里迢迢地赶到洛阳与司马光会面，商议编写中的一些重要问题，在洛阳住了数月。

由于长期劳累，他的身体已经很差，分别时凄楚地对司马光说："恐不复相见。"从洛阳回去的路上，就突发中风。到家时，母亲已经去世，他悲痛欲绝，从此半身瘫痪，"右手足偏废，伏枕再期，痛苦备至"。但是，他苦学如故，没有停止工作，"每呻吟之隙辄取书修之"，

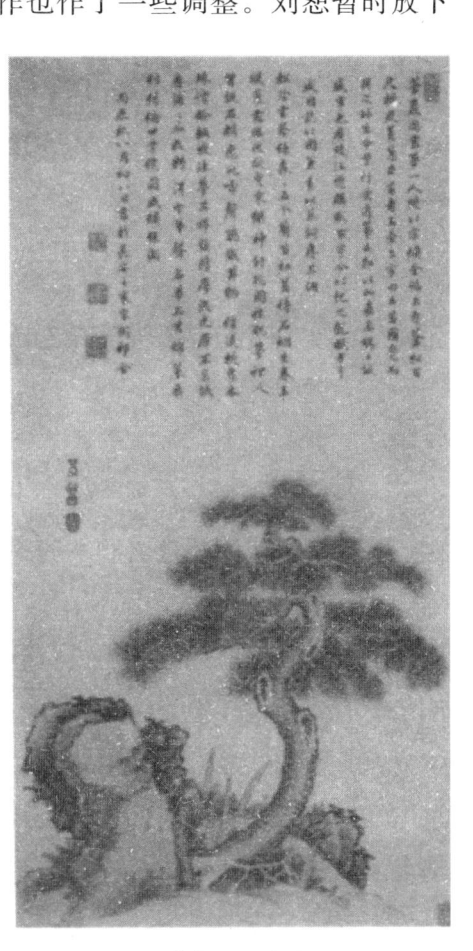

方亨咸《五笛图》

直到病势非常沉重才放下笔。他死时年仅四十七岁，他的一生是读书到死，写书到死。他治学非常严谨，"自历数、地里、官职、族姓至前代公府案牍，皆取以审证"；而在生活上则非常简朴，"家素贫，无以给旨甘，一毫不妄取于人"。从洛阳南归时，已是初冬，可身边没有御寒的衣物，司马光送给他衣服、袜子和旧被褥，推辞不掉，只得带上，但到了颍州，他就全部包好

送还。

刘恕的学问在当时受人交口赞誉，如张耒说："其学自书契以来至于今，国家治乱，君臣世系，广至于郡国山川之名物，详至于岁月日时之后先，问焉必知，考焉必信，有疑焉必决。其言滔滔汩汩，如道其里阎族党之事也。……当时司马君实、欧阳文忠号通史学，贯穿古今，亦自以不及而取正焉"。除《资治通鉴》外，刘恕自著有《五代十国纪年》和《通鉴外纪》。

宋景濂以恒治学

宋濂（公元 1310 年—公元 1381 年），字景濂，号潜溪，浙江浦江人，朱元璋称帝前征召至应天（今南京）任太子师，"以文学受知，恒侍左右，备顾问"。明开国后受命为撰修元史总裁官，先后担任翰林院学士、侍讲学士、知制诰、赞善大夫、中顺大夫等职。宋濂学识渊博，"于学无所不通"。《明史》本传称他"为父醇深演迤，与古作者并。在朝，郊社宗庙山川百神之典，朝会宴享律历礼冠之制，四裔贡赋赏劳之仪，旁及元勋巨卿碑记刻石之辞，咸以委濂，屡推为开国文臣之首。士大夫造门乞文者，后先相踵"，就是外国贡使也仰慕他的文名，"高丽、安南、日本至出兼金购文集"。这样一位名扬海内外的一代大学问家，却是在极其贫苦艰难的条件下，靠借书抄录，虚心求教，数十年如一日，坚韧不拔，苦学成才。宋濂曾写过一篇《送东阳马生序》，备述自己早年借书、抄书、求师、向学的曲折经历，用以激励太学生马君则勤奋上进。这篇短文真实生动地再现了他在通往成功道路上不辞辛劳艰苦跋涉留下的足迹。

宋濂幼时好学，但因家贫无钱购书，常向藏书之家借阅，"手自笔录，计日以还"，即使"天大寒，砚冰坚，手指不可屈伸"，也不敢稍有荒怠。录毕，及时送还，从不违约，因此人们多愿借书给他，遂得"遍观群书"。

为了扩大见闻，不断深造，宋濂经常四出寻访硕师名儒求学请教。起初他就学于闻人梦吉，通晓五经；后不满足于举子业，又转而师从吴莱，习古文词，尽得其真传。在《送东阳马生序》中，宋濂述及他早年趋走百里之外跟随乡中学术前辈"执经叩问"的情景。先生德隆望尊，门人弟子济济一堂。宋濂恭恭敬敬立侍左右，"援疑质理，俯身倾耳以请"，遇到先生叱咄，"色愈恭，礼愈至，不敢出一言以复"。等到先生欣悦了，"则又请焉"，因此而获得许多知识。为了外出寻师，宋濂曾"负箧曳屣，行深山谷中，穷冬烈风，大雪深数尺，足肤皲裂而不知"。勉强坚持到学舍，四肢已经冻僵，失去知觉，经人"持汤沃灌，以衾拥覆"，许久才渐渐暖和过来。住在客店，每日两餐，"无鲜肥滋味之享"。同学诸生全都身穿绵绣，头戴朱缨宝饰之帽，腰系白玉环，左佩刀，右备香囊，"烨然若神人"，惟独宋濂缊袍敝衣处其间，"略无慕艳意"。在他看来，能够纵情遨游在知识的海洋中，才是人生最大的乐趣。

宋濂坚持勤奋向学，终身不懈，即使学而有成之后依旧虚怀若谷，"游柳贯、黄溍之门"；尽管元末古文名家柳、黄"两人皆亟逊濂，自谓弗如"，宋濂待师仍极谦恭。宋濂在《送东阳马生序》中历述自己求学经历之后，感叹道："盖余之勤且艰若此！"他把自己的治学精神概括为"勤"、"艰"二字，即不畏艰难，刻苦勤奋，舍此别无捷径。他还语重心长地告诫太学生马君则："今诸生学于太学，县官日有廪稍之供，父母岁有裘葛之遗，无冻馁之患矣；坐大厦之下而诵诗书，无奔走之劳矣；有司业、博士为之师，未有问而不告、求而不得者也；凡所宜有之书，皆集于此，不必若余之手录，假诸人而后见也"，在这样优越的条件下，"其业有不精、德有不成者，非天质之卑，则心不若余之专耳，岂他人之过哉！"

刘知几愤撰《史通》

唐初，史学呈现出空前的繁荣景象。敕修的《晋书》、《隋书》等六部断代史和《南史》、《北史》相继问世，成为国家一大盛事，使史坛焕发出异彩。杰出的史学家刘知几就出生在这个史学蓬勃发展的年代。

刘知几（公元661年—公元721年），字子玄，因避唐玄宗李隆基讳嫌，以字行，唐徐州彭城（今江苏徐州）人。他的伯祖胤之曾与令狐德棻等修撰国史和实录，父亲藏器官至比部员外郎，对诸子读书督课甚严。刘知几从小读《诗经》、《礼记》，稍大以后读《古文尚书》时，由于文辞艰深生涩，全无兴趣。父亲多次责打，更使他感到厌倦。后来，他听说父亲给诸兄长讲授《春秋左氏传》，就过去听讲，索性把《古文尚书》丢开。听完后，他立刻就能够复述一遍，不由得又喜又愁，感叹道：如果书都像《春秋左氏传》，我就不会厌倦了。父亲很惊讶他有这样的志向，于是用一年时间给他讲完《春秋左氏传》。那时他刚刚十二岁，对内容虽然理解不深，但大意基本上明白。父亲是从解经的角度讲述的，要求他多读义疏，精通《春秋经》，而他却对历史产生了浓厚的兴趣，就搪塞说："获麟以后，未见其事，乞且观余部；以广异闻"。他先读完《史记》、《汉书》、《三国志》，越读兴趣越浓，一发而不可收，四出借书。他 17 岁时，自东汉至唐代的史书和实录，基本上都读遍了；关于历史发展的梗概和史书的体例，已经了然在胸。

当时，通过科举入仕是读书人的正途，刘知几只得暂且放下史书，准备应试的诗赋策文。二三年间，他与兄知柔都以擅长文词知名。高宗永隆元年（公元 680 年），二十岁的刘知几一举考中进士。然而，科场得意，官场却失意。刘知几被任命为获嘉（今河南获嘉）县主簿后，在这个正九品下的卑微职位上滞留了十九年之久。这固然是刘知几仕途上的不幸，但正是中国史学的幸事！他在获嘉任上"思有余闲，获遂本愿。旅游京、洛，颇积岁年，公私借书，恣情披阅。"

刘知几思想敏锐，善于独立思考。少年时代读班固《汉书》和谢承《后汉书》，他就认为前者不应该作《古今人表》，而后者则应该为更始帝立本纪。那时人们斥责他说："童子何知，而敢轻议前哲！"后来，他读《张衡集》、《范晔集》，才发现张、范二人早已对这两件事提出批评。类似这样的例子还有不少。这时，他不仅博览史书、实录、文集、杂记、小说，而且搜罗了出自不同作者之手的几种甚至十几种的同一朝代史，潜心苦读，刻苦钻研，比较优劣。他特别推崇重义理的杨雄《法言》、重证据的王充《论衡》、重博洽的应劭《风俗通》、重辨材的刘劭《人物志》、重品评的陆景《典语》、重文体的刘勰《文心雕龙》，从这些著作中汲取了丰富的营养，用以研究史学的体裁和编纂方法，逐渐地形成了系统的史学思想。

武则天圣历二年（公元 699 年），刘知几被调回京任职。从长安二年（公元 720 年）以后，历任左史、凤阁舍人、秘书少监、太子左庶子、兼崇文馆学士、左散骑常侍等，其"掌知国史，首尾二十余年，多所撰述，甚为当时所称"。

刘知几居史职时，自以为"当仁不让，庶几前哲"，决心实现夙愿，写出贯彻自己史学主张的作品，但由于史馆制度的掣肘，往往不能如愿。神龙二年（公元 706 年），中宗驾还长安，刘知几请求留在东都，从此闭门谢客三年，专心致志地从事撰著。可是有人在皇帝面前进谗言，说他身为史臣而私自著述，于是被皇帝敕召回京。在史馆中，他觉得处处受限制，监修的宰相人言言殊，无所适从；同修史官各执己见，互不相让；稍加褒贬，朝野具知，使人踌躇不前，如此则"头白可期，汗青无日"。他痛感时光流逝，英雄无用武之地，遂毅然提出辞去史职的请求。辞职不成，刘知几自撰《史通》，他满怀愤懑地写道："嗟乎！虽任当其职，而吾道不行。见用于时，而美志不遂。郁怏孤愤，无以寄怀。必寝而不言，嘿而无述，又恐没世之后，谁知予者。故退而私撰《史通》，以见其志。"

刘知几一生著述颇丰，主要有：武则天时与朱敬则等修成《唐史》八十卷，中宗神龙时与徐坚等修成《武后实录》，玄宗开元二年（公元 714 年）与柳冲等修成《姓族系录》二百卷，与吴兢修成《睿宗实录》二十卷，重修《则天实录》三十卷、《中宗实录》二十卷，以及《刘氏家史》十五卷、《刘氏谱考》三十卷等，但最重要的是中甲宗景龙四年（公元 710 年）成书的《史通》。太子右庶子徐坚十分重视这部书，读后喟叹说："居史职者，宜置此书于座右"。《史通》二十卷，分内、外篇两部分。内篇主要论述史书的体裁、体例和编纂原则，外篇论述古代史官制度、史籍源流和评论史家的得失。这是中国第一部系统的史学评论著作，"夫其书虽以史为主，而余波所及，上穷王道，下挞人伦，总括万殊，包吞千有"；"其为义也，有与夺焉，有褒贬焉，有鉴诫焉，有讥刺焉。"由于时代的局限，刘知几未能写出一部自己满意的史书，但他的刻苦治学精神终于在《史通》中得到了升华。长安三年（公元 703 年）七月，礼部尚书郑惟忠问刘知几说："自古文士多，史才少，何邪？"刘知几答道："史有三长：才、学、识，世罕兼之，故史者少。"他的才、学、识之论是凝聚了一生心血和经验的不刊之论，它不仅对史学，而且对一切科学领域都具有借鉴意义。

王守仁坚悟心学

王守仁（公元 1472 年—公元 1529 年），字伯安，世称阳明先生。他是阳明学派的创始人，因开启了明代学术的新风气，且思想学说影响海内外，故被推崇为继朱熹之后对"新儒学"最有贡献的儒学大师。

王守仁生于浙江余姚的一个世代书香之家，自幼聪颖过人，其父王华曾是状元郎，因此这位状元之子在家人和塾师的眼里，当然是大有前程的少年。小时候，塾师曾反复以科举夺魁激励他努力向学，而他却十分鄙视举业，而以成圣成贤作为人生头等大事。这种自命不凡的性格，虽然没有给他带来多少人生快乐，然而却成为他百折不挠地寻觅成圣成贤道路不可缺少的东西。

十七岁以前，王守仁虽致力于四书五经的学习，但因自命不凡，性情放荡不羁，而且富于幻想，常做出一般人不敢做的事情。如十五岁时，他只身出走居庸关，考察边关半月，有志于以武功报效国家。回家后曾拟草奏疏，准备送呈朝廷。此事因其父制止而未遂。十七岁那年，他奉父亲之命从北京赴南昌娶亲，然在合卺之日，竟独自一人出走，结果让岳父家人在一寺院找到。次年由南昌取道回余姚，路过广倍，拜访了当地著名理学家娄谅，在娄谅的启发下，他开始自觉抛弃应付科举的词章之学，接受朱熹有关道德修养的"格物论"，由此走上穷研细读、身体力行理学家道德实践的道路。二十一岁时，他随父在京师，"遍求考事遗书读之"，为了实践朱熹"众物必有表里精粗，一草一本皆函至理"的格物穷理论，曾面对官署庭院竹子，做了整整七日的"格物"试验，结果没有格出竹子的"天理"，而大病一场。"格竹"失败，使他对自己的格物穷理能力和成为圣贤的身体素质发生了怀疑。

二十七岁时，王守仁再次钻研朱熹的"即物穷理"，企图通过循序精进的读书方法来体认"天理"，常常捧读《四书》《五经》至夜分，因用功过度，以致患上了肺病。其父为了阻止这种行为，命家人夜间不给他油灯读书，但他仍然待父安寝后又燃灯夜读，后来因肺病发作，只好作罢。通过这次体验，他认识到朱熹的修养方法并不能使人通向圣域，因为"物理吾心，终若判而为二"。由此，他开始对朱学发生彻底怀疑，决心与之分道扬镳，另辟新径，寻找一条切实整顿身心以造就圣贤的道路。尽管他次年考中进士，跻身仕途，却因为久未能找到"圣学"入门路径，加上求师友又不可得，精神无所寄托，而且疾病缠身，日渐转入消沉。由于这些苦恼郁闷于心中，不久他辞职归里，筑阳明洞以居，在洞中静坐，企图借助佛家的修身养性方法直通圣域，结果在极度的精神磨难中他发现佛家这种修养方法，非但不能使人有所作为，而且是"断灭种性"的，从此与佛教断绝关系。

王守仁经历了这些失败的体验之后，一度对成圣成贤的志愿发生了动摇，在复职京师时曾与当时诗坛名士李东阳等人切磋诗赋文章，而且在文坛享有一些名气。尽管如此，但他仍不以做大诗人为人生奋斗目标，而是在一度消沉之后，对国家政治和做圣贤产生了强烈的兴趣。他多次向朝廷上疏，要求改革弊政，加强边防，整饬吏治。三十七岁那年，由于他上疏忤旨，得罪权奄刘瑾，被下诏狱。出狱后又遭廷杖和"荷校"，随之贬居为贵州龙场驿丞。在去贵州的途中，他多次险遭宦官刘瑾派人的暗算，又因乘船遇巨风漂泊到福建沿海，夜宿野庙，几葬身虎腹。

经过几番周折，历尽坎坷，来到了龙场驿。"及其摈斥流离于万里绝域，荒烟深菁。狸鼯豹虎之区，形影孑立，朝夕惴惴，既无一可骋者，而且疾病之与居，瘴疠之与亲。情迫于中，忘之有不能；势限于外，去之有不可。辗转烦瞀，以需动忍之益"。在明代，贵州龙场仍处于未开发的文化落后的少数民族杂居地区，毒蛇野兽横行，瘴疠疾病相害，居民凿洞以居，加上言语不通，使得王守仁形影相吊，

范宽《雪山萧寺图》

茕茕孑立，苦煞难熬。在此极度艰难困苦的条件下，迫于无奈，他命人凿一石棺，日夜坐于棺中待命等死。在一深夜，王守仁在梦中惊醒，突然顿悟："心即理"。即"格物致知之旨，圣人之道，吾性自足，不假外求"。以为天地万物均在自我心中，往常所求于物和书本的"格物穷理"方法是"析心与理为二也"。"析心与理为二"，"外心以求理"，所求之理乃一草一木之理，而非圣人所谓"天理"。由此，他找到了朱熹修养论的致命性错误之所在，开始将一切道德修养功夫诉诸于"本心"，用主观意识去消解客观外在的危难险阻。"念圣人处此，更有何道？"这一顿悟，使王守仁感到极度的兴奋和激动；心情豁然开朗，半生的孜孜寻求，终于找到通向圣域的康庄大道。他跳下石棺，在深夜狂喊乱叫，手舞足蹈，乐不可支！

顿悟之后，王守仁一扫待命等死的消沉，心中焕发圣人之学的无限光辉。由此，他开始以"心即理"作为理论基础来建构他的思想学说，形成了向朱熹"理学"大胆挑战的"心学"。王守仁的心学体系有三个基本命题，这就是"心即理"、"知行合一"、"致良知"。所谓"心即理"，即言"天理"在我心中，我与生具有理性的判断、选择、决定等能力；"天理"不是客观外在或先验固有的精神实体，而是本心的"良知""发用流行"所展现出的道德意识，是理性与实践的统一。所谓"知行合一"，即言道德实践主体对道德理念、规范、是非、诚伪的知与行都统一在客观道德实践的过程之中，即知即行，知行不分，知与行都是道德修养的功夫；或者说是在道德实践上的"真知""真行"；它本是"本体"与"功夫"的有机统一，主观认识与客观实践的"合一并进"。王守仁说："知是行的主意，行是知的功夫，知是行之始，行是知之成。""行之明觉精察处便是知，知之真切笃实处便是行。"所谓"致良知"，就是讲道德修养应从扩充、存养、发用自我的"良知"着手，在完成心理伦理化之后要尽力使伦理化心理向外无限延展到道德实践领域，从而将"吾心良知之天理""发用流行"于外在的事事物物之中，使事事物物皆得其"天理"。"致"是完善、发展、运用良知，而良知则是一种与生俱有的积极健康的人性。王守仁的心学，强调道德实践主体的自觉性和独立思考，反对依据外在权威、规范、书本去机械地行规蹈矩，要求人们依自己"良知"而行，是是非非，师心自是，在客观效果上起到了解放思想和昂扬战斗精神的作用，有力地冲击了死板教条乃至僵化了的程朱理学，对明代学术思想的变革产生了深广而久远的影响。

王守仁在宣传其学说的教育活动中，时常告诫学生们，这些思想的产生来自于他"百死千难"后的醒悟，要求学生不要轻易看过，"致良知必有事焉"，只有在艰难困苦的逆境中才能使学问和道德修养长进，否则是"闲说话"。事实上，王守仁的这种为学经验对后人是很有教育意义的。

顾炎武亡国志学

顾炎武（公元1613年—公元1682年），字宁人，初名绛，明亡后改名炎武，江苏昆山花埔村人。学者以其家乡有事林湖，故尊称之为事林先生。他与黄宗羲、王夫之并称为明清之际"三大儒"，是著名的大思想家、大学问家。

顾炎武在学问上有如此高深的造诣，的确来之不易。尽管他出身于世代业儒之家，而且其祖父以上三代都是进士，做过明朝大官，然而他在襁褓时，却失去了双亲，后由嗣母王氏未婚守节养育成人。顾炎武在童年和少年时代，正值明季政治腐败，内忧外患接踵，日趋走向衰亡的日子。在那兵荒马乱、民不聊生的岁月，他在嗣母的抚育与教导下，读书识字，并养成刚介自立不污于流俗的性格。少年时他与里中归庄友善，积极参加复社活动。因归庄和他的诗文并闻于世，两人性格耿介绝俗，故时人目之为"归奇顾怪"。可见他早年确有非常的举动和处世为人的风格。

三十二岁时，清兵入关南下，面对亡国颓势，他奋不顾身，决心挽狂澜于既倒，四处奔走呼号，寄希望于史可法，并动员组织反清武装力量，与归庄、吴其沆等人参加了江阴、嘉定、昆山三县人民的反清斗争。结果三县人民遭到清兵的残酷屠杀，城毁人亡，他仅以一人身免。其母避兵于常熟，绝食而亡，遗言后人勿仕清朝。顾炎武牢记母训，不畏威武，毅然弃家继续从事反清斗争，与在福建的南明政权保持联系。后来有怨家借机陷害，为避祸，他变卖家产衣冠，化装商人出游他方。随之，仆人叛投里豪将其出卖，他得机惩治仆人后，却又遭其仆人家人的报复，结果被逮捕。生死之际，好友归庄求救于钱谦益。然而钱谦益提出十分苛刻的要求，必须让顾炎武屈称其门生方可救援。归庄为救朋友性命，不得已暗地代他屈辱画押。得救后，顾炎武知此事，急索画押文书，反复而不得，遂到谒通衢自白。从此，顾炎武浩然有抛家远游之志。

顾炎武四十四岁时，开始北游，往来于山东、河北、山西、河南、陕西诸省，遍历塞外，通观形势，阴结豪杰，以图复明。他与李因笃等二十余人集资在山西雁门之北、五台山之东垦荒，蓄积力量，作开展复明政治活动的物质准备。他以为陕西华阴进可攻取，退可守险，在地理上具有战略价值，应当重视。于是他在这一带定居下来。

但是，随着清朝政治的日益巩固，恢复明朝江山的可能性越来越渺茫了。在这严酷现实面前，顾炎武壮志难酬，不得已只好耿介自处，并作为明之遗民始终保持民族气节。康熙十七年（公元 1678 年）开博学鸿词科，企图笼络海内名流。一些朝臣极力推荐他应试，他致书表示："刀绳俱在，毋速我死"。对那些投清变节者，他以极大的愤怒和轻蔑写诗斥骂："蓟门朝士多狐鼠，旧日须眉化儿女。"次年，大修《明史》，叶方蔼等人又极荐，顾炎武遗书固辞："先妣未嫁过门，养姑抱嗣，为吴中第一奇节，蒙朝廷旌表。国亡绝粒，以女子而昭首阳之烈。临终遗命，有无仕异代之言。故人人可出，而炎武必不可出矣。七十老翁何所求，正欠一死。若必相逼，则以身殉之矣。"他在《精卫》一诗中说："尝将一寸身，衔木到终古。我愿平东海，身沉心不改。大海无平期，我心无绝时。"由此可见他的立身大节。晚年，他的外甥徐乾学兄弟累书迎其南归，为他置买田产，然而他却因为他们仕于清廷，遂坚辞，以至徘徊于渭川，最后卒于异乡曲沃。

顾炎武一生始终以救亡图存和反清复明为己任，保持遗民气节。在长期的颠沛流离生活中，他不仅积极参与了反清武装斗争，而且他以惊人的毅力与胆识积极开展反清复明的文化斗争。为总结明亡教训和启发人们民族觉悟，他致力于"行己有耻"和"经世致用"的思想与学术研究，给后人留下了大量的宝贵精神遗产，其中《日知录》最有影响。

顾炎武从事学术研究，是以经世致用为目的的。他著《日知录》一书，旨在复国兴邦，为人们从事反清斗争提供思想武器。他说："所著《日知录》之十余卷，平生之志与业皆在其中，……有王者起，得以酌取焉，其亦可以毕区区之愿矣。"还说："愚自少读书，有所得辄记之，其有不合，时复改定，或古人先我而有者，则遂削之，积之三十余年乃成一编。""某自五十以后，……著《日知录》，上篇经术，中篇治道，下篇博闻，共三十余卷。有王者起，将以见诸行事，以跻斯世于治古之隆，而未敢为今人道也。"

为撰写《日知录》，顾炎武历尽辛苦。在少年时，他就刻苦钻研经史。十四岁时，读完了《周易》、《左传》、《国语》、《战国策》、《史记》、《资治通鉴》以及《孙子》、《吴子》等书。此后，他专习举业之学达十余年之久，但他认识到"八股之害，等于焚书，而败坏人才，有甚于咸阳之所坑"。清兵入关后，他绝意仕进，摒弃帖括之学。在戎马乱离之间，他仍然手不释卷，阅书数万卷。所读之书，范围极广，经史子集、金石碑刻、简牍章奏、方志朝报等无所不窥。他于广博中求专深，而注力所在，尤以经史为尚。他说："愚不揣，……凡文不关于《六经》之旨，当世之务者，一切不为。"

顾炎武倡导经世致用学风，以为经史之学必须务求实际应用，有益于整饬人心，移风易俗，否则就流入声名空疏利禄之途，以致寡廉鲜耻。他说："余尝游览于山之东西，河之南北，二十余年，而其人益以不似。及问之大江以南昔之所称魁梧丈夫者，亦且改形换骨，为学不似之人。""目击世趋，方知治乱之关，必在人心风俗。而所以转移人心，整顿风俗，则教化纪纲为不可缺矣。"为整顿风俗，他遍游各地，从事于实地的社会考察，犹如医生看病一样，针对社会存在的各种痼疾，从古代文化遗产中寻找医案治方，为时人和后人探索治乱兴邦的良方妙药。在北游途中，他始终"以二马二骡载书自随。所至厄塞，即呼老兵退卒询其曲折，或与平日所闻不合，则即坊肆中发书而对勘之"。他把书本上的历史得失经验考证，与社会实际考察紧密结合起来，在纷繁芜杂的资料和现象中进行缜密的分析和论断，以去粗取精，去伪存真。他说："引古筹今，亦吾儒经世之用。"根据这些考证、考察、分析、判断，他撰写成有关"治道"、"经术"、"博学"等方面的独到心得。《四库全书总目提要》卷119称："炎武学有本原，博赡而能通贯，每一事必详其始末，参以佐证而后笔之于书，故引据浩繁而抵牾者少"。《日知录》就是这样基于严密考证和思考的一部札记、笔录汇集，它不仅凝集了顾炎武平生的心血和甘苦，而且更体现了他始终不渝的爱国热忱和以天下为己任的远大抱负。

顾炎武苦心孤诣，所撰《日知录》一书充分表达了他的政治思想和社会改造主张。他说："保天下者，匹夫之贱，与有责焉耳矣"。明确阐述"天下兴亡，匹夫有责"的政治主张，以为保国必先保天下，治国必先治风俗。而治风俗又必须以经世致用精神改造宋明理学空疏学风入手，着重改造学校，以造就实用人才。顾炎武以为"国家之所以常治而不乱者，人才也"。国家兴学校以培养人才，故推行生员制度。然而在封建君主集权政治制度下，天下生员人数虽不下五十万人，却不能于改良政治和移风易俗有任何帮助。相反，士子唯习场屋之文以邀功名，且与胥吏勾结，武断乡里，一切杂役科派之费皆取之于民；闲时讲学空谈心性，不务实际，一当登科第入仕途，就攀援声气，结党营私，败坏国家政治。顾炎武认为改变风俗要从改革生员制度和学风开始，废除科举取士制度，实行唯才是举的选举制度；在学风方面要杜绝宋明空疏浮泛的弊端，恢复汉儒式的经学传统，实事求是，注重当世之务的研习，使经学和史学结合起来，并结合严谨的经史考证和实际社会考察，从而使经史之学成为有益于治理社会风俗和国家政治的实用之学。同时他还主张以"清议"制约暴政，提倡下层人民议论国家政教风俗的得失。他在《日知录》中阐述的许多宝贵思想，带有积极的近代民主思想因素，故在近代受到先进知识分子的重视。

第四篇　齐家卷

咀嚼菜根

恶俭好易　命固将穷

【原文】　不能善事亲戚、君长、甚恶恭俭而好简易，贪饮食而惰从事，衣食之财不足，是以身有陷乎饥寒冻馁之忧，其言不曰吾罢不肖，吾从事不强，又曰吾命固将穷。

【译文】　不能好好地对待双亲君长，特嫌恶恭敬俭朴而喜好简慢无理，贪于饮食而懒于劳作，衣食财物不足，所以自身有饥寒冻馁的忧患。他们不这样说："我疲沓无能，不能努力地劳作。"而说："我命里本来就穷。"

为强必富　不强必寒

【原文】　今也卿大夫之所以竭股肱之力，殚其思虑之知，内治官府，外敛关市、山林、泽梁之利，以实官府而不敢怠倦者，何也？曰：彼以为强必贵，不强必贱；强必荣，不强必辱。故不敢怠倦。今也农夫之所以蚤出暮入，强乎耕稼树艺，多聚菽粟而不敢怠倦者，何也？曰：彼以为强必富，不强必贫；强必饱，不强必饥。故不敢怠倦。今也妇人之所以夙兴夜寐，强乎纺绩织纴，多治麻统葛绪，捆布缪，而不敢怠倦者，何也？曰：彼以为强必富，不强必贫；强必暖，不强必寒。故不敢怠倦。

【译文】　现在的士大夫之所以用尽全身的力气，竭尽全部智慧，对内治理官府，对外征收关市、山林、梁泽的税，以充实府库，而不敢倦怠，是为什么呢？答道：他认为努力必能高贵，不努力就会低贱；努力必能荣耀，不努力就会屈辱，所以不敢倦怠。现在的农夫之所以早出晚归，努力从事耕种、植树、种菜，多聚豆子和粟，而不敢倦怠，为什么呢？答道：他认为努力必能富裕，不努力就会贫穷；努力必能吃饱，不努力就要挨饿，所以不敢倦怠。现在的妇人之所以早起夜睡，努力纺纱、绩麻、织布，多多料理麻、丝葛、苎麻，而不敢倦怠，为什么呢？答道：她以为努力必能富裕，不努力就会贫穷；努力必能温暖，不努力就会寒冷，所以不敢倦怠。

沃民不材　瘠民向义

【原文】　公父文伯退朝，朝其母，其母方绩。文伯曰："以歜之家，而主犹绩，惧干季孙之怨也，其以歜为不能事主乎！"其母叹曰："鲁其亡乎！使僮子备官，而未之闻耶？居，吾语女。昔圣王之处民也，择瘠土而处之，劳其民而用之，故长王天下。夫民劳则思，思则善心生；逸则淫，淫则忘善，忘善则恶心生。沃土之民不材，淫也；瘠土之民，莫不向义，劳也。"

【译文】　公父文伯退朝回家，又拜见他的母亲，他母亲正在纺麻。公父文伯说："凭着我们这样的家庭，而主母还在纺麻，我担心会引起季康子的不满，他会认为我公父文伯不能侍奉母亲呢！"他母亲叹息着说："鲁国大概要灭亡了吧！让不懂事的人在朝廷做官，从来都没有听说过这件事情呵！坐下，我告诉你，过去圣明的君王安置人民，偏选择贫瘠的土地来安置他们，为的是使人民勤劳而后使用他们，因此能长久地统治天下。人民勤劳就会想到节俭，能知道节俭就会产生好的思想；安逸就会惑乱多欲，惑乱多欲就会忘记善良和美好的东西，忘记了善良美好就会产生坏思想。生活在肥沃的土地上的人民往往不成材，是因为惑乱多欲的缘故；生活在贫瘠土地上的人民，没有不向合乎礼义的道路上走的，是由于他们经常辛勤劳动的结果。"

与贫穷地　以实无资

【原文】　今世之学士语治者，多曰："与贫穷地以实无资。"今夫人夫相若也，无丰年旁入之利而独以完给者，非力则俭也。与人相若也，无饥馑疾疢祸罪之殃独以贫穷者，非侈则惰也。侈而惰者贫，而力而俭者富。今上征敛于富人以布施于贫家，是夺力俭而与侈惰也，而

杜琼《友松图》

欲索民之疾作而节用，不可得也。

【译文】 如今儒生谈起治理国家，总是说："给贫穷的人一些土地，使没有资财的人有资财。"现在有的人和别人的资财差不多，既没有碰上丰年，也没有其他额外收入，但唯独他能做到自给自足，那不是由于勤劳就是由于节俭的缘故；也有的人和别人的资财差不多，既没有遭受天灾，也没有人祸，但偏偏却陷入贫穷，那不是由于奢侈就是由于懒惰造成的。奢侈和懒惰的人会贫穷，而勤劳和节俭的人能致富。现在君主向富足的人征收财物来散发给贫穷的人，这是剥夺勤劳和节约的人的成果去满足奢侈和懒惰的人。这样做，再想督促老百姓努力耕作、省吃俭用，那就根本办不到。

妄予不惠　惠恶不仁

【原文】 共其他居是世也，非有灾害疾疫，独以贫穷，非惰则奢也；无奇业旁入，而犹以富给，非俭则力也。今日施惠悦尔，行刑不乐，则是闵无行之人，而养惰奢之民也。故妄予为不惠，惠恶者不为仁。

【译文】 耕种同样的土地，生活在同一时代，在没有无灾疾病的情况下，唯独还贫穷的人，不是因为懒惰就是挥霍浪费；没特殊事业增加收入，而仍然富足的人，不是节俭就是勤劳的结果。现在有人一说施行恩惠就高兴，执行法律就不乐意，就等于可怜那些行为不好的人，而养活那些好吃懒

做、挥霍浪费的人。不恰当的救济不算是恩惠，给坏人施加恩惠算不上仁义。

量事立条　使俭获中

【原文】　顷者风俗流宕，浮竞日滋。家有吉凶，务求胜异。婚姻丧葬之费，车服饮食之华，动竭岁资，以营日富。又奴仆带金玉，婢妾衣罗绮，始以创出为奇，后以过前为丽，上下贵贱，无复等差。

今运属维新，思蠲往弊，反朴还淳。纳民轨物，可量事具立条式，使俭而获中。

【译文】　最近，社会风气不很规矩，比赛浮华的现象一天天在滋长。家中有了吉凶福祸之事，务求办得超过别人以显示自己与众不同。婚姻丧葬的挥霍浪费，车马饮食的堂皇豪华，动不动就用尽了一年的钱财，只是为了追求一天的富丽。还有甚者使男仆佩带金玉的装饰品，女婢妾穿着锦缎的衣裙，开始这样做的人以炫耀首创为荣，以后模仿的人则争着超过前人。这样，尊卑和贵贱就看不出什么等级差别来了。

现在，命运已经要求我们维新，要去思考革除以前的弊端，使人们固有的淳朴风气重新返回。为了给百姓提供准则，可根据事物的具体情况，订立规章制度，务使勤俭而适中。

贫者士常　登枝尤记

【原文】　仲堪自在荆州，连年水旱，百姓饥馑，仲堪食常五碗，盘无余肴，饭粒落席间，辄拾以啖之，虽欲率物，亦缘其性真素也。每语子弟云："人物见我受任方州，谓我豁平昔时意，今吾处之不易，贫者士之常，焉得登枝而捐其本？尔其存之！"

【译文】　殷仲堪自从在荆州作刺史，连年遭灾，不涝即旱，百姓饿肚子。殷仲堪生活节俭：吃饭每顿经常为五小碗，盘内没有吃剩的菜，发现饭粒落在桌子上，就一颗一颗捡起来吃掉。他这样做虽是为了作人的表率，却也是由于本性朴素的缘故。他经常对子弟说："不要看到我当了刺史，就以为我会抛弃过去的志意，现在我虽然身处这样的职位也不改变俭省的好作风。人都是贫穷的时候多，哪能够做了官就把平时做人的道理丢掉呢？你们要把这些话牢记在心里。"

富贵之人　少不骄奢

【原文】　嶷常戒诸子曰："凡富贵少不骄奢，以约失之者鲜矣。汉世以来，侯王子弟，以骄恣之故，大者灭亲丧族，小者削夺邑地，可不戒哉！"嶷临终，召子廉、子恪曰："吾无后，当共相勉励，笃睦为先。才有优劣，位有通塞，运有贫富，此自然之理，无足以相陵侮。勤学行，守基业，修闺庭，尚闲素，如此足无忧患。"

【译文】　萧嶷经常告戒他的几个儿子说："凡是富贵的人从小不骄奢，并能一贯约束自己言行的是很少的。汉代以来，诸侯诸王的子弟，因为骄横放纵的缘故，大的身遭诛戮，九族株连，小的封地被削掉，能不引以为戒吗？"萧嶷将死的时候，叫来子廉、子恪，对他们说："我没有其他后代，你们应当互相勉励，首先要厚道、和睦。才能有优劣，处境有好坏，命运有贫富，这是自然法则，不能以此相互欺凌。要勤学习，守住家产，注意治家，崇尚闲静质朴，这样做就没有什么可忧虑的了。"

施而不奢　俭而不吝

【原文】　孔子曰："奢则不孙，俭则固；与其不孙也，宁固。"又云："如有周公之才之美，使骄且吝，其余不足观也已。"然则可俭而不可吝也。俭者，省约为礼之谓也；吝者，穷急不邮之谓也，今有施则奢，俭则吝，如能施而不奢，俭而不吝，可矣。

【译文】　孔子说："过于奢华了的人就会骄侈放纵，过份节俭了的人则会显得鄙陋吝啬。与其骄侈放纵，还不如鄙陋一些。"孔子还说过："一个人即使有周公那样的才气和美德，如果染上骄傲吝啬的毛病，那么他其他方面的优点也就不值一提了。"这是告诉我们，为人应当节俭但不可吝啬。所谓节俭，就是把俭朴节省的待人处世当作礼俗；所谓吝啬，就是别人有急难而不予救助、毫无同情之心。现在的人们往往是舍得施予者却流于奢华，知道节俭者又显得吝啬。如果能做到施予又不奢华，节俭又不吝啬就可以了。

克俭节用　弘道之源

【原文】　克俭节用，实弘道之源，崇侈恣情，乃败德之本。

【译文】　节俭省用，是弘扬德行的基础；崇尚奢侈，放纵情欲，是道德败坏的根源。

盛名清德　当务俭素

【原文】　我家盛名清德，当务俭素，保守门风，不得事于泰侈。

【译文】　我家以德行廉洁而负盛名，要节约朴素，要保持这种门风，不得骄纵奢侈。

俭则寡欲　侈则多欲

【原文】　御孙曰："俭，德之共也；侈，恶之大也。"共，同也，言有德者皆有俭来也。夫俭则寡欲。君子寡欲，则不役于物，可以直道而行。小人寡欲，则能谨身，节用，远罪，丰家。故曰："俭，德之共也。"侈则多欲。君子多欲，则贪慕富贵，枉道速祸。小人多欲，则多求，妄用，败家，丧身。是以居官必贿，居乡必盗。故曰："侈，恶之大也。"

【译文】　春秋时鲁国的大夫御孙说："节俭，是道德中的大德；奢侈，是邪恶中的大恶。"说的是有德的人都从俭来。节俭就欲望少，有地位的人欲望少，就不会被物质欲役使和支配，那他就可以依正道而行。普通老百姓欲望少，就能约束自己，节约用度，避免犯罪，使家庭富裕起来。所以说："节俭，是道德中的大德。"奢侈的人则欲望多，有地位的人欲望多，就会贪图富贵，不依正道而行，招致祸患。普通老百姓欲望多，就会多方营求，任意挥霍浪费，甚至使家破人亡。因此做官必然贪赃受贿；做老百姓必然去做贼。所以说："奢侈，是邪恶中的大恶。"

俭则常足　乐得美名

【原文】　俭则常足，常足则乐而得美名，祸咎远矣；侈则常不足，常不足则忧而得訾恶，福亦远矣。

【译文】　节俭就保持知足的心态，知足就快乐并能赢得好名声，祸患与过错也就远避了；奢侈就会总不感到满足，总不满足就会忧虑并会招来非议与祸灾，福气也就远远避开了啊。

勿求多余　多余则累

【原文】　今之为后世谋者，不过广营生计以遗之，田畴连阡陌，邸肆跨坊曲，粟麦盈赊仓，金帛充箧笥，慊慊然求之犹未足，施施然自以为子子孙孙累世用之莫能尽也。然不知以义方训其子，以礼法齐其家。自于十数年中，勤身苦体以聚之，而子孙以岁时之间，奢靡游荡以散之，反笑其祖考之愚，不知自娱。又怨其吝啬无恩于我而厉之也。始则欺绐攘窃以充其欲，不足则立约举债于人，以俟其死而偿之。观其意惟患其祖考之寿也。甚者至于有疾不疗，阴行鸩毒，亦有之矣。然则向之所以利后世者，适足以长子孙之恶而为身祸也……盖由子孙自幼及长，惟知有利，不知有义故也。

夫生生之资，固人所不可无，然勿求多余，多余希不为累矣。使其子孙果贤邪，岂疏粝布褐不能自营，死于道路乎？若其不贤邪，虽积金满室，又奚益哉！故多藏以遗子孙，吾见其愚之甚也。

【译文】　如今为后代打算的人，不过是多方谋求财产遗留给后代。田地连成片，店铺一间连一间，粮食装满仓，黄金布匹装满箱，还嫌不够，自以为子子孙孙几代都用不完，十分得意。但不知以义对子女进行教育，用礼仪法度整治家庭，以至于十多年辛辛苦苦敛聚到的财产，几年内就被子孙们挥霍掉。子孙反过来还讥笑先辈蠢，不知道自己享受，又埋怨他们小器，不给自己一点恩惠，从而粗暴地虐待他们。一开始是用欺骗、小偷小摸的手段来获得钱财以满足自己的欲望，满足不了时就立下字据向人借钱，等待父母死后偿还债主。看他们的样子只担心先辈长寿，甚至先辈有病也不给医治，暗中进行毒害这种事情也有。父母当初想为后代造福，但适得其反，助长了子孙的罪过而且自己也身受其害……这是由于子孙们从小到大，只知道利而不知道义的原故。

戴本孝《华山毛女洞图》

生活费用，任何人都不可缺乏，但不能追求多余，多余了，则很少有不成为负担的。如果使自己的子孙都很有德行，哪里会发生吃穿不能解决，死于道路上的事呢？假若他们没有德行，即使黄金堆满家里，又有什么好处！所以多留财富给子孙，我认为这是十分愚蠢的做法。

凡在仕官　以廉为本

【原文】　凡在仕官，以廉勤为本。人之才性各有短长，固难勉强。唯廉勤二字人人可至。廉勤，祈以处己；和顺，所以接物。与人和则可以安身，可以远害矣。

【译文】　凡是做官的人，以廉洁、勤劳为根本。人的才能各有长短，不能勉强。唯廉、勤二字，人人都可以做到。廉洁、勤快，这是对待自己的准则；温和、顺从，这是对人的准则，与人和就可以安身，可以避开祸害。

每加节俭　亦是惜福

【原文】　口腹之欲，何穷之有？每加节俭，亦是惜福。

贪淫之过，未有不生于奢侈者；俭则不贪不淫，是可以养德也。

【译文】　口腹之欲，哪有穷尽的时候？时时节俭，就是珍惜自己的福运。

贪淫之类的过错，都是由奢侈产生的；如果节俭就会不贪不淫，节俭可以用来培养道德。

芒不种田　秋之不获

【原文】　一要勤，每日起早，凡生理所当为者，须及时为之，如机之发、鹰之搏，顷刻不可迟也。若有因循，今日姑待明日，则废事损业，不觉不知而家道日耗矣。且如芒种不种田，安能望有秋之多获。勤之不得不讲也。

【译文】　一是要勤劳。每天早上起来后，凡是必须做的有关生计、理财等事，应该及时做好，就像机括发箭、苍鹰搏兔，一刻也不能迟误。如果当天应做的事不做，今日推明日，就会荒废事理、败损家业，不知不觉中，家产就会消耗掉。就像在芒种时不种田，哪里会有秋天的收获呢！人不能不勤劳呀。

月用奉养　节省为本

【原文】　一要俭，夫俭者，守家第一法也。故凡日用奉养，一以节省为本，不可过多，宁使家有赢余，毋使仓有告匮。且奢侈之人，神气必耗，欲念炽而意气自满，贫穷至而廉耻不顾。俭之不可忽也若是夫。

【译文】　一是要节俭。节俭，是守家的第一法宝。凡是家庭日常用度，都应以节省为原则，不能花销过多。宁可开销稍紧让家中留点赢余，也不能开销得使家中没一点储备。况且，一心奢侈的人，他自己的精神会日日损耗、欲念旺盛而骄横无比，如此一来，贫穷就会光顾他，这时他的廉耻之心也丧失尽了。节俭是这样的不容忽视啊！

贤人予孙　贻之以言

【原文】　贤人志士之于子孔也，贻之以言，弗贻之以财。

【译文】　有远见卓识的人，赠送给子女的是有启迪意义的话，而不是只将财物遗留给他们。

父母常失　不已媚子

【原文】　父母常失，在不能已于媚子。

【译文】　父母总是难于克服的过失，在于情不自禁地过分溺爱自己的子女。

子孙若贤　不待多富

【原文】　子孙，若贤，不待多富；若其不贤，则多以征怨。

【译文】　子孙如果有才德，肯于上进，无须给他留下丰厚财产；他也能生活得很好；如果他不上进，钱多了反而容易招灾惹祸。

父否母然　子无适从

【原文】　父否母然，子无适从。

【译文】　在教育子女的时候，父亲说不对，母亲说对，这样，做子女的就不知道该当听从哪一方的意见了。

富不教子　钱谷消亡

【原文】　居身务期质朴，训子要有义方。富若不教子，钱谷必消亡；贵若不教子，衣冠受不长。

【译文】　居家过日，应该力求实在简朴；教育子女，要讲正直道义。家里富有却不教育子女，金银米谷保不住；当了大官不教子，蟒袍紫冠长不了。

择邻而居　意在教子

【原文】　昔孟母，择邻处；子不学，断机杼。

【译文】　孟子小的时候，他的家离坟墓很近，每天他玩埋死人游戏，他母亲觉得这种环境对孟子的成长不适宜，于是决定搬家。新居附近住着一个屠夫，孟子每天又玩杀猪的游戏，他母亲再把家搬到一所学校附近，孟子每天玩着读书游戏，他母亲觉得这样对他的成长有利。等孟子长大了就送他上学。有一天，他母亲问他今天学了些什么？孟子说：还是和昨天一样。他母亲说：天天如此是不求上进的表现。于是很生气地用刀把织布机上的纱线割断。孟子又怕又感动，便开始努力用功，争取每天有所进步，终于成了圣人。

养而不教　父之有过

【原文】　养不教，父之过；教不严，师之惰；子不学，非所宜；幼不学，老何为。

【译文】　生养了子女假如作父母的只是注意对子女的养，重视子女的衣食住行，而忽视了教导子女怎样生活，怎样待人处世，怎样遵守社会秩序，而结果使子女成了不良少年，那就是作父母的过错。

假如一个作老师的讲授不仔细，不认真，敷衍了事，老师怠惰的结果，会使学生的程度低落，离开学校，不能在社会上担任工作。

所以作父母的不仅要养，而且要教；作老师的不仅要教，而且要认真地教，只有这样才能培养出优秀的下一代。

展子虔《游春图》（局部）

作为子女、作为学生，不努力学习是不应当的，试想一想，一个人在幼年的时候，记意力最好，学习力最强，如果不赶快学些处世的方法，做事的知识，等到年龄一大，还有什么作为呢？

教子义方　弗纳于邪

【原文】　爱子，教子以义方，弗纳于邪。骄、奢、淫、沃、所自邪也。四者之来，宠禄过也。

【译文】　喜欢子女，教育他们做人要正派，有君子的道德情操，不能让他们接受邪恶的东西。骄傲、奢侈、淫乱、放荡，都是从邪恶而来。要问这些恶劣品质为什么能产生，是由于溺爱和侈奢的缘故。

大匠诲人　必以规矩

【原文】　大匠诲人必以规矩，学者亦必以规矩。

【译文】　鼎鼎大名的木匠，教导徒弟时必定用圆规和曲尺。向他学习的人，也必须用规和矩。意谓要遵循法则。

母若欺子　非以成教

【原文】　母欺子，子而不信其母，非以成教也。

【译文】　做母亲的如果欺骗孩子，孩子也就不相信他母亲了。这不是教育好孩子的办法啊！

待子严厉　易至成德

【原文】　每见待子弟严厉者，易至成德；姑息者，多有败行。败父兄之教育所系也。又见有子弟聪颖者，忽入下流；庸愚者，转为上达，则父兄之培植所关也。人品之不高，总为一利字看不破学；业之不进，总为一懒字丢不开。德足以感人，以有德当大权，其感尤速；财足以累己，而以有财处乱世，其累尤深。

【译文】 常见严格教育子孙的，子孙比较容易成为有才德的人；对子孙太过宽容的，子孙的德行大多败坏，这完全是因为父兄教育的关系。又见到有些后辈原为十分聪明，却突然做出品性低下的事；有些原本平庸愚鲁，倒成为品德很好的人，这就是在于父兄的栽培教养了。一个人品格这所以不清高，总是因为无法将一个"利"字看破；而学问之所以不长进，就是因为偷懒不精勤的缘故。能以道德感化他人的人，若身在高位而有威权，那么，要感化众人趋于正道就很快了。财富多到足以拖累自己的人，若处于不太平的时代，钱财的拖累就更严重了。

克勤于邦　克俭于家

【原文】 克勤于邦，克俭于家。

【译文】 能够辛勤地为国效力，能够节俭地维持家计。"克勤克俭"的成语本于此，后引伸为"勤俭建国，勤俭持家。"

以俭得之　以奢失之

【原文】 以俭得之，以奢失之。

【译文】 崇尚节俭，能得到许多益处；奢侈腐化，则会亡国败家。

以约而失　实为寡也

【原文】 历观古今，以约失之者实寡，以奢失之者盖众。

【译文】 古往今来，纵观全部历史，以节俭而败国亡家的人很少，因奢移腐化而败国亡家的人则很多。

成由勤俭　破由奢靡

【原文】　历览前贤国与家，成由勤俭破由奢。

【译文】　遍观过去明君的朝代与家庭，成功皆因勤俭，败亡出自奢靡。

一粥一饭　思之不易

【原文】　一粥一饭，当思来处不易

【译文】　当我们喝一碗粥，吃一碗饭的时候，应当想到我们吃的每一粒米，都是经过农夫千辛万苦种出来的；它们来得是多么不容易。我们不但要感激他们的辛劳，更要珍惜他们辛劳的结果，不可以把食物浪费，更不可以随便糟蹋。

半丝半缕　物力维艰

【原文】　半丝半缕，恒念物力维艰

【译文】　在我们穿衣服的时候，看到半段丝，半缕线，即使那么少的一点东西，我们也要常常思念到物资的生产过程是很艰难的，我们应当珍惜。

慎乃俭德　惟怀永固

【原文】　居家勤俭，孰为居要？博雅曰："勤非俭，终年劳瘁，不当一日之侈靡。《书》曰：'慎乃俭德，惟怀永固。'子曰：'礼，与奢也，宁俭。'似俭尤要。"望雅曰："一生之计在勤，一年之计在春，一日之计在寅。治家、治国、治身、治心，道岂有先于此者乎？似勤尤要。"曰："二者皆要，尤要在克勤克俭之人耳。八年于外，三过门不入，方得地平天成，万世永赖，如非其人，胼手胝足，朝经夕营，何济乃事？宋仁宗夜半惜烧羊之费，恭己化成，几致刑措。若唐文宗举衫袖示群臣曰：'此衣已三浣矣，'虽云俭德，然受制家奴，自谓不如赧献，泣下沾襟，亦何益乎？勤俭一源，总在无欲。无欲自不敢废当行之事，自无礼处之费，不期勤俭而勤俭矣。"

【译文】　治家的勤劳与节俭，哪一个最重要呢？博雅说："只勤劳而不节俭，则一年的辛勤劳累，还抵不上一日的奢侈浪费。《尚书》说：'谨慎小心是节俭之德，只有怀有这种品德家业才会永远牢固。'孔子说：'举行礼仪，与其奢侈，宁愿节俭。'似乎节俭更重要些。"望雅说："一生的算计在于勤劳，一年的打算在于春天，一日的打算在寅时。治家、治国、治身、治心，其道理难道还有比勤劳更先的吗？似乎勤劳更重要。"我说："这两者都很重要，但更为重要的是既能勤劳又能节俭的人。先祖们八年在外面辛劳，三次路过家门口而不进去，这样才使得地平了，天成了万世万物永远赖以生存，如果不是这样的人，即使手、脚都磨得起了茧，早晚忙碌不停，对事业又有什么帮助呢？宋仁宗半夜起来惋惜烧羊肉的费用，严肃约束自己而使教化成功，几乎使刑法都搁置不用了。像唐文宗举起衣袖给各位大臣看并说：'这件衣服已经洗了三次了'，虽然说

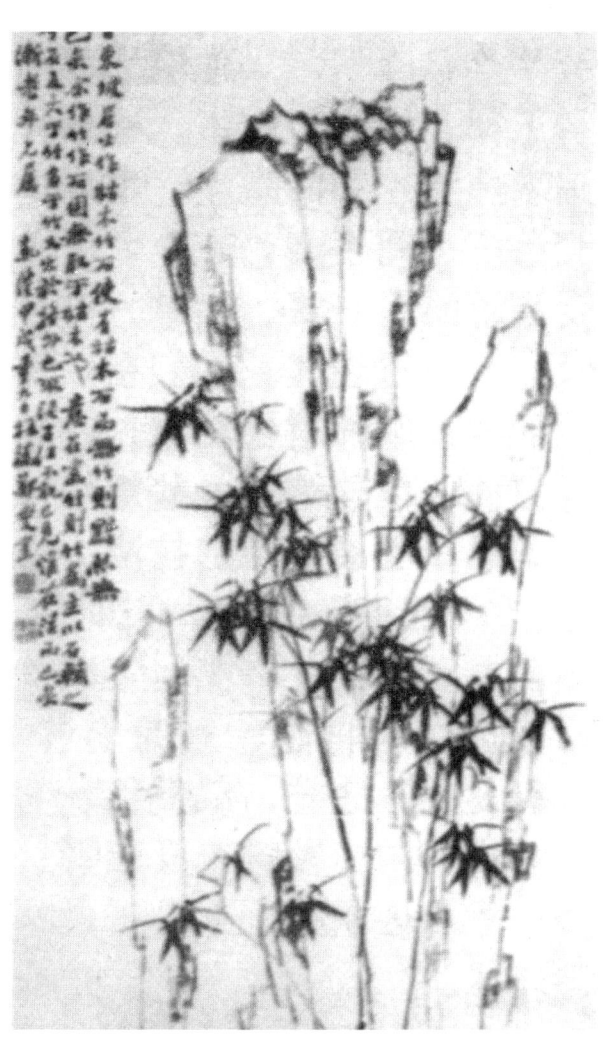

郑燮《竹石图》

是节俭之德，但受家奴制约，自以为不如红着脸去献祭、眼泪都打湿了衣襟，这有什么好处呢？勤劳、节俭的源头，总在于没有欲望。没有欲望自然不敢荒废应当做的事情，自然没有礼节之外的花费，未想到要勤劳、节俭却又勤劳节俭了"。

安贫故勤　安贫故俭

【原文】　安贫故勤，安贫故俭。……不勤不俭，便是不安贫，使非素位而行，安能自得而无怨尤耶！

【译文】　安于贫穷的人，才能做到勤劳节俭。即不勤劳，又不节俭，便是不安于贫穷。如果不守本分去干坏事，那里能够悠然自得而没有怨恨和罪过呢！

父母恩情　人所力报

【原文】　子者，人情所通；亲者，人所力报也。

【译文】　对子女的疼爱，是人之常情；对于父母的恩情，是人们要竭力回报的。

父不失礼　子不废行

【原文】　父不失礼，子不废行。

【译文】　父亲不失去礼义，儿子不废弃操行。

不改祖法　忠厚勤俭

【原文】　谨守父兄教，沉实谦恭，便是醇潜子弟；不改祖宗成法，忠厚勤俭，定为悠久人家。

【译文】　谨慎地遵守父兄的教诲，待人处世诚实谦虚，就是一个敦厚的好子弟。不擅自删改祖宗留下来的教训和做人做事的方法，能厚道勤朴地持家，一定能家道兴旺，且能历久不衰。

父不谓进　子不敢进

【原文】　见父之执，不谓之进，不敢进。不谓之退，不敢退，不问不敢对，此孝子之行也。

【译文】　见父亲和好朋友在坐，不叫你进去你不敢进，不让你退出你不敢退，不问你话你不敢插嘴，这是孝子的品德行为啊！

父母有过　柔声以谏

【原文】父母有过，下气怡色；柔声以谏。谏若不入，起敬起孝，说则复谏。不说，与其得罪于乡党时间，宁孰谏。

【译文】　父母有了过错，要和颜悦色低声下气地劝谏。如若父母不听，还必须肃然起敬以表孝道，等到父母高兴时再行劝谏。如果怕父母不高兴不去劝谏，那么就更对不起乡亲邻里。与其这样，宁愿一次次殷勤地劝谏。

哀哀父母　生我劬劳

【原文】　哀衷父母，生我劬劳。……无父何怙？无母何恃？

【译文】　父母死了，我哀痛不已，他俩生我养我是多么辛勤劳苦！没有了父母，叫我去依靠和仗恃谁啊？

欲报之德　昊天罔极

【原文】　父兮生我，母兮鞠我，拊我畜我，长我育我，顾我复我，出入腹我。欲报之德，昊天罔极。

【译文】　辛劳的父母啊，生我、养我、抚我、育我、照顾我、厚待我。这大恩大德，像天一样浩翰无际啊！

生事以礼　死葬以礼

【原文】　孟懿子问孝。子曰："无违。"……樊迟曰："何谓也？"子曰："生事之以礼，死葬之以礼，祭之以礼。"

【译文】　孟懿子问什么是孝。孔子说："不得违背行孝之道。"樊迟说："这是怎么讲呢？"孔子说："生时要尽诸如昏问晨省之礼，死时要尽诸如棺椁衣衾、卜宅安葬之礼，祭时要尽诸如思亲哀戚、春秋祭祀之礼。"

孝悌也者　仁之本也

【原文】　孝悌也者，其为仁之本与。

【译文】　孝敬父母，友爱弟弟，那是一个人仁德之心的根本。

孝敬父母　天经地义

【原文】　子曰：夫孝，天之经也，地之义者，民之行也。

【译文】　孔子说："对父母尽孝，是天经地义的事情，良民百姓的优秀品德。"

孝子事亲　具备五者

【原文】　子曰："孝子之事亲也，居则致其敬，养则致其乐，病则致其忧，丧则致其哀，祭则致其严，五者备矣，然后能事亲。"

【译文】　孔子说："孝子对待父母，平常在家时要恭敬有礼，进奉饮食时要和颜悦色，亲人有病时要忧谨备至，亲人去世时要举哀安葬，祭祀父母时要斋戒沐浴，只有具备以上五个方面的品行，然后才能行孝事亲。"

李在《归去来辞图》

善事父母　此曰孝也

【原文】　善事父母曰孝。

侈靡不急　皆妄费也

【原文】　人有财物，虑为人所窃，则必缄縢扃镭，封识之甚严。虑费用之无度而致耗散，则必算计较量，支用之甚节。然有甚严而有失者，盖百日之严，无一日之疏则无失，百日严而一日不严，则一日之失与百日不严同也。有甚节而终至于匮乏者，盖百事节而无一事之费，则不至于匮乏；百事节而一事不节，则一事之费与百事不节同也。所谓百事者，自饮食衣服、屋宅园馆、舆马仆御、器用玩好，盖非一端。丰俭随其财力，则不谓之费；不量财力而为之，或虽财力可办，而过于侈靡，近于不急，皆妄费也，年少主家事者宜深知之。

【译文】　有财之人，怕财物被人偷走，必然会看管得非常严；害怕由于日常花销没有节制而导致钱财消耗散落，就必然会十分精细地计算一切花费支出。但是，尽管有些人把财物看管得这么严，却仍然免不了破产的命运。这是因为，百日严连一日都不放松才不会破财，如果百日严而一日松，那么，一日的过失与百日不严一样，同样使人破财。有些人非常节俭但最终还是资财匮乏，正是由于他虽然百事节俭，但却有一事不节俭才造成的，这一事不节俭的费用流失与百事不节俭一样。什么是百事呢？从饮食、衣服到屋宅、园馆、车马仆从到器用玩好等，都在此列。根据自己的财力来定丰俭，这样就不叫浪费；不根据财力大小，或者是财力虽可办到，但过于奢侈，而且所办的又不是急事，那么就属于乱花钱。年纪轻轻就主持家事的人应该记住这点。

彼以其奢　吾以善俭

【原文】　子孙毋得与人眩奇斗胜，两不相下，彼以其奢，我以吾俭，吾何害乎？

【译文】　子孙们不得与别人比富斗富，相持不下，别人只管去奢侈，我只行我的节俭，又有什么损害呢？

富贵之业　贫贱之基

【原文】　俗言三世仕宦，方会著衣吃饭，愚谓三世仕宦，子孙必是奢侈享用之极，衣不肯著浣濯补缀，必欲鲜华。食不肯食蔬粝菲薄，必欲精凿，此所谓著衣吃饭也。殊不知富贵者，贫贱之基；奢侈者，寥落之由；丰腴者，困苦之自，盖子孙不学而专蒙穷奢极欲，而无德以将之，其衰必矣。

【译文】　俗话说三代为官，才会穿衣吃饭。我却说三代为官，子孙必定会极尽奢侈享用之能事，穿衣不穿那些洗过了的或补过了的衣服，而一心追求鲜艳华丽；吃饭不肯吃粗米淡菜，而一定要吃精米好菜，这就是所谓的会穿衣会吃饭。竟不知道，富贵是贫贱的开始；奢侈是家道衰败的根由；丰富的家财是贫困的由来。因为子孙不学习却专门穷奢极欲，没有道德约束，衰败是必然的。

久享富佚　败致衰倾

【原文】　凡子侄，多忌农作，不知幼事农业，则不知粟入艰难，不生侈心。幼事农业，则习恒敦实，不生邪心。幼事农业，力涉勤苦，能兴起善心，以免于罪戾，故子侄不可不力农作。

凡富家，久则衰倾，由无功而食人之食。夫无功食人之食，是谓厉民自养。凡厉民自养，则有天殃。故久享富佚，则致衰倾，甚则为奴仆，为牛马，是故子侄不可不力农作。

【译文】　大凡子侄辈，多数害怕参加农业劳动。他们不知道幼时参加一些农业劳动，能懂得粮食来之不易，不会产生奢侈之心；幼时参加农业劳动，就习性敦厚老实，不会生邪念；幼时参加农业生产，亲身体验到勤苦的滋味，就能一心向善，避免罪过，所以子侄不能不致力于耕种。

大凡有钱人家，日子长了就会衰落破产，是由于不劳而食的缘故。不劳而食，就是虐待百姓而养肥自己。凡是虐待百姓而养肥自己的人，老天就会降祸殃给他。所以久享富贵逸乐生活的人，必然导致衰落破产，甚至于沦为奴仆，当牛当马，所以子侄们不可不致力于耕作。

服食器用　要有定式

【原文】　凡人家居，久则衰颓，由习尚日侈，费用日滋，人竞其私，纵恣口腹，逾礼日甚，得罪天地，积致罪殃，小则败身，大则灭族，不可不畏。凡我兄弟子侄，服食器用，已有定式，只许量议撙节，不许增添毫发，以长侈风，败我家族。

【译文】　大凡人居家，久了就会家庭衰落颓败，因为人会慢慢走向奢侈，用费也天天增加，人人都争着满足私欲，放纵口腹之欲。这样就一天天逾越了礼仪，得罪了天地，日积月累就招致祸灾，轻的会身败名裂，重则给整个家族带来灾难。人不能不警惕呀。凡是我族的兄弟子侄，穿衣、吃饭、器用，都已有规定，只能视情况加以节俭，不得增加丝毫用度来助长奢侈风气，败坏我家族。

俭约自持　不可浪费

【原文】　人须俭约自持，不可恃产浪费，到败坏时干求人，许多不雅，尚有未必得者。即得，亦须勉偿以完信行，否则，不齿于士类矣，尚慎诸。

【译文】　人应该保持节约俭朴的习惯，不应该自恃家产富足而肆意浪费，否则到家道衰败时去央求别人帮助，不仅不雅观，也还不一定能求得帮助。即使得到帮助，也需要勉力偿还别人而保持守信用的品行，不然就为士人所不齿。应该慎重啊。

习成俭约 到处便宜

【原文】 大凡一家子弟，自幼习成俭约，则到处便宜，到处适意，遇艰难而不畏，历辛苦而不疲。若其足食丰衣，养成骄惰，一旦稍尝苦境，便觉无地容身，其吃亏有不胜言者。然言俭必在有余之时，若至暮合朝升，虽欲不俭而不得，故持家之道，在极富极贫者固当别论，若有可敷衍之家，当核一岁所入，分为四股，用其三而留其一，以备不虞，即古人耕九余三之法。行俭之道，必随时随事，斟酌节省，使一家相习而无怨言，又必不近于苛，不出于陋，此中甚有工夫也，然必先绝酒色烟赌诸嗜好，而又可以言俭。

【译文】 家中子弟，如果自幼养成俭约的品性，就可以在任何地方都便利、舒适，遇到艰难不惧怕，历尽辛苦不倦怠。如果家中子弟丰衣足食，养成骄纵懒惰的习性，一旦稍入苦境，便会觉得无法生存，其所受的损失真是说不尽。但节俭必须在家财用度有余的时候，如果到生活困难朝不保夕的境地，即使想不节俭也不行，所以持家之道，对极富极穷的人自当别论，但对勉强度日的人家，就应当核实一年的收入，将它分成四份，以三份作全年用度，再预留一份来防备灾荒，也就是古人的耕种九年储备出三年粮食的方法。奉行节俭，应该随时随事地斟酌节省，使一家人和睦相处没有怨言，还应当不苛刻不鄙陋，这当中还很有些学问，但总的来说，应该先行戒绝酒色烟赌各种不良嗜好，然后才谈得上去奉行节俭。

自食其力 然后得食

【原文】 古人云，自食其力，惟力，然后得食，未有坐而得食者。坐而得食，世惟有两样人，贵人之子、富人之子是也。父祖用许多力，得了富贵，而子享之，此享父祖之余力也。若父祖既不富贵，而我不用力而食，其可得乎？故勤为治生之至要也。先正云，勤有三益，曰民生在勤，勤则不匮，是勤可以免饥寒，一益也。农民昼则力作，夜则甘寝，邪心淫念，无从而生，是勤可以远淫僻，二益也。户枢不蠹，流水不腐，周公论三宗，文王必归之无逸，是勤可以致寿考，三益也。

【译文】 古人说，自食其力，只有付出劳动，才能有粮食吃，没有不劳动而得食的。不劳动得食，世上只有两种人：大官的子女、富人的子女。父辈祖辈付出了许多劳动，获得富贵，子女们享受富贵，是享用父辈祖辈的劳动成果。如果父辈祖辈不富也不贵，而子女不劳动而得食，哪有这种事呢？所以勤劳是治生最重要的主题。我已故的父亲说，勤劳有三种好处：民众生存在于勤劳，勤劳就不会匮乏，所以勤劳可以免去饥寒，这是第一种好处。农民白天辛勤劳作，晚上就甜美地安寝，邪心淫念就无从而生，所以勤劳可以远避淫邪，这是第二种好处。户枢不蠹，流水不腐，周公谈论起黄帝、唐尧、虞舜长寿及享国时间长的话题时，文王认为是他们勤劳所致，所以勤劳可以长寿，这是第三种好处。

自奉要俭　待客亦是

【原文】 粒粒丝丝，皆是辛苦，人谁不知，而用度毕竟流于侈者，为门面故也。与士绅交游，便学士绅用度；与素封结姻，便学素封用度，倘不如此，恐被士绅、素封耻笑。世人为体面二字，荡却家赀者多矣。语云：自奉要俭，待客要丰，今观文节公训家，待客亦是俭，且不怕客怪。温公待客，尝食三簋，盛食五簋，东坡效之。吾曹读其书，独不能法其事乎？

【译文】 每一粒粮食，都充满了劳动的辛苦，这谁都知道，然而，人们在消费的时候，终究还是很奢侈，大多是因为面子的原故。与士绅交游，就学士绅的花销；与富有的人家联姻，就学富人一样花销，假如不这样，怕被士绅、富人耻笑。世上因为"体面"两个字，耗尽家产的人很多。有道是：自己的生活要节俭，待客却应该丰盛。但我看文节公训家，待客也节俭，而且不怕客人怪罪。温公待客，一般吃三小碗，最多吃五小碗，苏东坡就效仿这种作法。我们读他们的书，难道就不能效法他们的事迹吗？

俭以养德　俭以养寿

【原文】　俭有四益，人之贪淫，未有不生于奢侈者，俭则不至于贪，何从而淫，是俭可以养德，一益也。人之福禄，只有此数，暴殄糜费，必至短促；撙节爱养，自能长久，是俭可以养寿，二益也。醉浓饱鲜，昏人神志，菜羹蔬食，肠胃清虚，是俭可以养神，三益也。奢则妄取苟求，志气卑辱，一从俭约，则于人无求，于己无愧，是俭可以养气，四益也。

【译文】　奉行节俭有四种好处。人的贪淫习性，没有不是从奢侈产生的，节俭就不会贪，更无从淫，所以节俭能养德，这是第一种好处。人的福禄有定数，任意浪费，必然短寿；奉行节俭爱护天物，自然可以长寿，所以节俭可以使人长寿，是第二种好处。浓酒美味，使人神志昏沉；喝菜汤吃蔬菜，肠胃功能好，神志舒畅，所以节俭可以养神，是第三种好处。奢侈就会去不正当地谋取，不顾颜面地求人，志气卑下，但奉行俭约，就会不求人、不愧怍，所以节俭可以养气，是第四种好处。

梅清《西海千峰图》

奢者不足　俭者有余

【原文】　奢者，富不足；俭者，贫有余。奢者，心常贫；俭者，心常富，此齐邱子之言也。贪饕以招辱，不若俭而守廉；干请以犯义，不若俭而养福；放肆以逐欲，不若俭而安性，此季元衡之言也。夫俭，美德也，乃世人好俭，率近于吝。推原其故，非不能俭，实不知俭也。盖啬于己、不啬于人之谓俭，啬于人、不啬于己之谓吝，啬于己并啬于人之谓愚。俭者，君子之行，吝与愚，小人之事，毫厘千里，好俭者不可不察。

【译文】 　　奢侈的人，就是再富有也有不足的时候；节俭的人，处在贫穷中也会有余。奢侈的人心中贫穷空虚，节俭的人心中富有充实。这是齐邱子的言论。贪得无厌只有招致屈辱，所以不如节俭而持守清廉；为有所求而求人只能触犯义，所以不如节俭反而得福；放纵性情去满足欲求，不如节俭而安性。这是季元衡的言论。节俭是一种美德，但世人喜欢节俭者大抵近于鄙吝。推究其中的原因，却是人不是不能行节俭，而是不懂得节俭的真正含义。对自己啬对他人不啬称为节俭，对他人啬对自己不啬称为鄙吝，对自己啬对他人也啬称为愚蠢。节俭是君子的行为，鄙吝与愚蠢就是小人的行为，差之毫厘，谬以千里，奉行节俭的人不可不懂其中的差别。

男妇各司　　勤俭成家

【原文】 　　勤俭为成家之本，男妇各有所司。男子要以治生为急，于农工商贾之间各执一业，精其器具，薄其利心，为长久之计，逐日所用，亦宜节省，量入而出，以适其宜。慎勿侈靡骄奢，博奕饮酒、宴安懒惰，若人心一懒，百骸俱怠，日就荒淫而万事废矣。妇人夙兴夜寐，黾勉同心，执麻枲，治丝茧，织纴组紃，以供衣食，不事浮华，惟甘雅洁。凡有重务，弟兄妯娌分任其劳，主妇日至厨房，料理检点，但有僮童撒泼，五谷秽污作践，暴殄天物者，量加惩戒。

【译文】 　　勤劳俭朴是立家的根本，家中男女应该各司其职。男子应该以治生为急务，在农工商贾中选择一项作为职业，精通其中的器具，淡薄利欲之心，作出长远的计划，每日的用度也应该节省，量入为出，尽量做到适宜。切切不可侈靡骄奢，不可赌博饮酒、安于懒惰。人心如果懒惰，身体就会倦怠，也就会日渐荒淫、万事废弛。妇女应该早起晚歇，与男子共同努力劳作，种麻养蚕、纺纱织布，供给家人的衣食，不事浮华、甘于淡雅、洁身自爱。凡是重要的事务，弟兄妯娌应共同去完成。主妇每天应亲自下厨房料理事务，如果有撒泼的僮仆，损坏作践粮食、暴殄天物的人，要根据情况加以惩戒。

一日从俭　家道浸昌

【原文】　一日从俭，家道浸昌，如春树发花，初见蓓蕾，继以畅茂，一朝烂漫而凋谢随之。始于俭，卒于奢，卒而零落不可继，自然之理也。家居凡百从简，饮食尤不宜若流。亲朋宴洽，不得逾六簋，古人真率会谓有三养：精虚以养胃，节啬以养福，省费以养财。

【译文】　居家要节俭，家道慢慢兴旺，就像春天树木开花，刚开始是蓓蕾，逐渐开放，一旦烂漫盛开，随之就凋谢了。开始时花蕾含而不放，很俭啬，华丽地竞放后就凋落，凋落之后就无以为继，这是自然道理。居家应该百事从简，尤其饮食不能像流水。亲朋饮宴，菜肴不得超过六小碗，古人说如此可以有三方面的好处：清淡饮食可以养胃，节俭可以养福，少花费可以养财。

为人之兄　慈爱见友

【原文】　请问为人父。曰：宽惠而有礼。请问为人子。曰：敬爱而致恭。请问为人兄。曰：慈爱而见友。请问为人弟。曰：敬诎而不苟。请问为人夫。曰：致功而不流，致临而有别。请问为人妻。曰：夫有礼，则柔从听待；夫无礼，则恐惧而自竦也。

【译文】　请问作为人父的道理。回答说：宽容恩惠，而有礼节。请问作为人子的道理。回答说：敬爱，而竭力恭谨。请问作为人兄的道理。回答说：慈爱，而表示友好。请问作为人弟的道理。回答说：谦恭，而不苟且。请问作为人夫的道理。回答说：尽力事务，而不淫邪；尽力接近，而夫妻有别。请问作为人妻的道理。回答说：丈夫有礼节，就柔顺、听从地去事奉；丈夫没有礼节，就表示惶恐，而自知警惕。

亲邻之道　夙契逾深

【原文】　至于亲邻之道，夙契逾深，无改曩怀。

【译文】　至于亲戚邻里之间的情谊，交往越来越默契真诚，不会改变过去的一片衷情。

处骨肉变　从容不激

【原文】　处父兄骨肉之变，宜从容不宜激烈；遇朋友交游之失，宜剀切不宜优游。

【译文】　当你不幸遇到父母兄弟或骨肉至亲之间发生家庭纠纷或人伦惨变事故时，你应该忍住悲痛的心情，保持沉着冷静的态度，绝对不可以心绪波动、感情用事，采取激烈言行而使事情变得更糟；当你跟知心好友交往时，万一遇到朋友犯了什么过错，你应该很亲切诚恳的来规劝他，绝对不可以由于怕得罪他而眼看着他继续错下去。

薄族之人　无好儿孙

【原文】　薄族者，必无好儿孙；薄师者，必无佳子弟，君所见亦多矣。恃力者，忽逢真敌手；恃势者，忽逢大对头，人所料不及也。

【译文】　苛刻对待族人的人，必定没有好的后代；不尊重师长的人，也不会有优秀的子弟，这种情形我见过许多了。以为自己力气大，而仗力欺负别人的，必会遇上比他力气更大的人；而凭仗权势压榨他人的，也会遇到足以压过他的人，这都是人想不到的事。

家不可教　不能教人

【原文】　所谓治国必先齐其家者，其家不可教，而能教人者无之。故君子不出家而成教于国。孝者所以事君也，弟者所以事长也，慈者所以使众也。《康诰》曰："如保赤子。"心诚求之，虽不中不远矣。未有学养子而后嫁者也。一家仁，一国兴仁；一家让，一国兴让。……故治在齐其家。

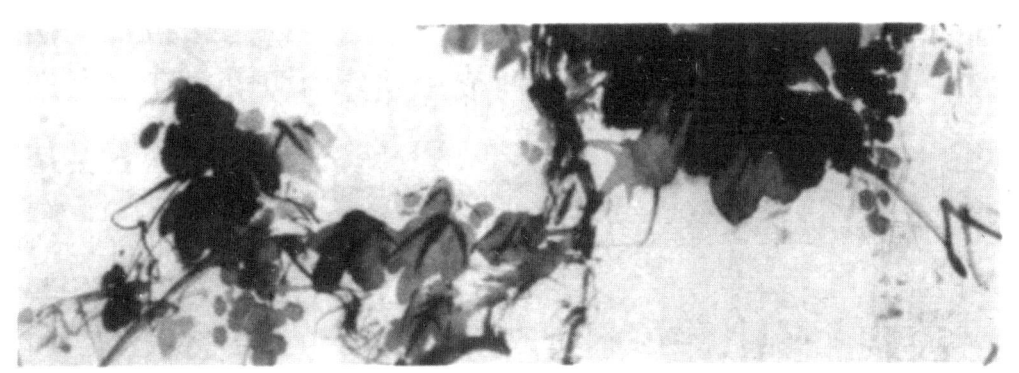

徐渭《杂花图卷》（局部）

【译文】　所谓治理国家必定要先整治好家庭，是因为连家里人都教不好，又怎么能教好其他人。因此有德行的君子不出家门就能在全国达成教化。在家里养成了对父母亲的孝道，用来侍奉国君；在家里养成了对兄长的悌道，用来侍奉上官；在家里养成了仁慈博爱的品德，用来治理民众。《康诰》说："对待民众像保养婴儿一样。"只要是从心里诚心诚意地想做到这一点，即使还没有完全做到，也离这不远了。从来还没有先学会如何抚养教育子女后再出嫁的道理。一家仁爱，一国都会兴起仁爱之风；一家谦让，一国都会兴起谦让之风。……所以治理好国家必须先整治好家庭。

家运盛衰　己实自操

【原文】　家运之盛衰，天下不能操其权，人不能操其权，而己实自操之。父慈、子孝、兄友、弟恭，男正位于外，女正位于内，即贫窭终身，而身型家范，为古今所仰，盛莫盛于此。如身无可型，而家不足范，当兴隆之时，而识者已早窥其必败矣。

【译文】 家庭运道的兴盛与衰败，老天不能掌握其决定权，别人不能掌握其主动权，实际上主动权掌握在自己手里。父亲慈爱、儿子孝敬、兄长友善、弟弟恭顺，男子在外面摆正位置，女人在家里摆正位置，即使终身贫乏穷困、但其立身榜样、家庭风范，被古今的人所敬仰，家庭兴盛莫过于此了。如果立身不能作榜样，家庭不能作典范，那么即使其家庭正是兴隆的时候，有远见卓识的人也早就看到了兴盛之中的蕴藏的必然衰败的征兆。

家道正者　而天下定

【原文】 父父、子子、兄兄、弟弟、夫夫、妇妇，而家道正。正家而天下定矣。

【译文】 做父亲的像父亲、当儿子的像儿子，做哥哥的像哥哥、当弟弟的像弟弟、做丈夫的象丈夫，当妻子的像妻子，那么家庭的治理就走上了正轨。所有家庭都得到正确的治理后，天下也就安定了。

兄弟阋墙　外御其侮

【原文】 兄弟阋于墙，外御其侮。

【译文】 兄弟之间，既使在家里时不和，但当一旦遭到外人欺凌时，却总是来共同抵御他们。

孝悌之至　通于神明

【原文】 孝悌之至，通于神明，光于四海，无所不通。

【译文】 对父母十分孝敬，对兄弟十分友爱，必然能够感动于神明，光照于天下，干什么事情都会畅通无止的。

仁人于弟　亲爱而已

【原文】　仁人之于弟也，不藏怒焉，不宿怨焉，亲爱之而已矣。

【译文】　仁义的人对于弟弟，忿怒不藏在心里，怨恨不留在心中，只有一份相亲相爱的情意罢了。

且兄弟者　均气连形

【原文】　且夫兄弟者，同天同地，均气连形。

【译文】　哥哥和弟弟，为同一父母所生养，形体和气息相互关连着，有骨肉之亲。

独在异乡　佳节思亲

【原文】　独在异乡为异客，每逢佳节倍思亲。遥知兄弟登高处，遍插茱萸少一人。

【译文】　独身一人在异乡作客，只要遇到节日，就倍加思念着亲人。遥想兄弟们在重阳时节登高的时候，佩戴着祛灾的茱萸，只是少了一个我啊！

兄弟相爱　灼艾分痛

【原文】　兄弟相爱，灼艾分痛。

【译文】　兄弟之间相亲相爱，烧灸艾草治病时分担兄弟的痛苦。

虫齿桃根　李代桃僵

【原文】　桃生露井上，李树生桃旁，虫来齿桃根，李树代桃僵。树木身相代，兄弟还相忘？

【译文】　桃树生长在水井附近，李树生长在桃树身旁。蛀虫啃吃着桃树的树根，李树代替桃树倒下死亡。树木无情却能以身相代，兄弟患难怎能彼此遗忘？

友于兄弟　分形共气

【原文】　友于兄弟，分形共气。

【译文】　兄弟之间应当相亲相爱，因为他们为同一父母所生养，一体而分为二形，一气而分为二息。

兄弟师友　天伦之乐

【原文】　兄弟相师友，天伦之乐莫大焉；闺门若朝廷，家法之严可知也。

【译文】　兄弟彼此为师友，天常之乐的极致也就是如此。家规如朝廷一般严谨缜密，由此可知家法严厉。

父子之性　出于秉彝

【原文】　父子之性，出于秉彝，孟子有言，贵善则离，贼恩之大，莫甚相夷。

【译文】　父亲与儿子的天性，出自于执守上天的常道。孟子说过，父子之间为了求好而相互责备，就可能使做儿子的忘记父母养育之恩，再也没有什么比父子之间互相责备更伤害人了。

贤者兄弟　天下让之

唐寅《吹箫仕女图》

【原文】　夫贤者之兄弟，或以天下国邑让之，或争相为死；而愚者争锱铢之刑，一朝之忿，或斗讼不已，或干戈相攻。至于破国灭家，为他人所有，乌在其能利也哉！正由智识褊浅，见近小而遗远大故耳，岂不哀哉！《诗》云："彼令兄弟，绰绰有裕；不令兄弟，交相为愈。"其是之谓欤？

【译文】　那些贤明的人对自己的兄弟，有的以封国采邑相让，有的争着为对方死难；但愚蠢的人却为一点点小小利益而争斗，因一时的结怨，有的争斗，有的大动干戈，以至国破家亡，最终被他人所乘隙，这又有什么好处呢？这是由于智力愚钝，目光短浅，只看到眼前的小利而把大利和远景忘了，难道不是很可悲的事情吗？《诗经》上说："那些和善友爱的兄弟，家庭富有且发达；那些相处不善的兄弟，互相都对对方是一个伤害。"说的不就是这个道理吗？

子孙孝善　是家兴也

【原文】　子孙孝善，是家兴也。

【译文】　子孙后代孝顺善良，家庭一定会很兴旺。

事亲谓孝　事兄谓悌

【原文】　能以事亲谓之孝，能以事兄谓之弟，能以事上谓之顺，能以使下谓之群。

【译文】　能够用礼义来事奉父母，就叫做孝；能够用礼义来事奉兄长，就叫做悌；能够用礼义来事奉君主，就叫做顺；能够用礼义来役使下民，就叫做君。

孝子为敬　不从父命

【原文】　孝子所以不从命有三：从命，则亲危；不从命，则亲安；孝子不从命，乃衷。从命，则亲辱；不从命，则亲荣；孝子不从命，乃义。从命，则禽兽；不从命，则修饰；孝子不从命，乃敬。

【译文】　孝子所以不顺从父命的有三条原则：顺从，父亲就遭到危险；不顺从，父亲就获得安泰；孝子不顺从父命，就是忠诚。顺从，父亲就遭到污辱；不从命，父亲就获得荣耀；孝子不顺从父，就是正义。顺从，就行同禽兽；不顺从，就身心修饬，孝子不顺从父命，就是恭敬。

可从不从　是不子也

【原文】　可以从而不从，是不子也；未可以从而从，是不衷也；明于从不从之义，而能致恭敬、忠信、端悫，以慎行之，则可谓大孝矣。

【译文】　可以顺从而不顺从，就不是儿子；不可以顺从而顺从，就不是忠诚；知晓顺从与不顺从的道理，而能够尽表恭敬、忠信、端谨，并且谨慎行事，就可以称为大孝。

遗子黄金　不若遗书

【原文】　遗子黄金满籯，不如一经。

【译文】　遗留给子女们满筐黄金，不如留给他们一部有教育意义的书。

子孙付汝　慎察其行

【原文】　我即死，欲有言，恐悲哭不得尽，故一诀耳！我见房玄龄、杜如晦、高季辅皆辛苦立门户，亦望诒后，悉为不肖子败之。我子孙、今以付汝，汝以慎察，有不厉言行、交非类者，急榜杀以闻，毋令后人笑吾，犹吾笑房、杜也。

【译文】　我快死了，还有一些话想说，恐怕悲恸哭泣不能将想说的话说完，所以找大家来诀别。我见房玄龄、杜如晦、高季辅三人都辛辛苦苦建立门户，希望遗留给后人，都被不肖之子败坏了。现在我将子孙付托给你，你要慎重地考察他们，如有不约束检点自己的言行，与坏人交往的，马上用鞭子打死，再报告皇上，不要让后人讥笑我，就像我笑房玄龄、杜如晦一样。

晏子将死　凿楹纳书

【原文】　晏子病，将死，凿楹纳书焉，谓其妻曰："楹语也，子壮而示之。"及壮，发书之言曰："布帛不可穷，穷不可饰；牛马不可穷，穷不可服；士不可穷，穷不可任；国不可穷，穷不可窃也。"

【译文】　晏子病得很厉害，就要死去，凿开楹柱把遗书放在里面，告诉他的妻子说："楹柱里的遗书，儿子长大后取给他看。"等到儿子长大，打开遗书，遗书上说："布帛不能没有，没有就不能穿衣打扮；牛马不能缺少，缺少就不能够拉车做活；士人不能居于困境末路，否则不能做官任职；国家不能灭亡，灭亡就不能借以寄身。"

意思乃出　行祥乃动

【原文】　人之居世，忽去便过，日月可爱也。故禹不爱尺璧，而爱寸阴。时过不可还，若年大不可少也。欲汝早威未？必读书，并学作人。汝今逾郡县，越山河，离兄弟，去妻子者，欲全见举动之宜，效高人远节。问一得三，志在善人。左右不可不慎，善否之要，在此际也。行止与人，务在饶之。意思乃出，行祥乃动，皆用情实道理，违斯败矣。父欲公子善，唯不能杀身，其馀无惜也。

【译文】　人生在世，转瞬即逝，时间值得珍惜。所以大禹不爱宝物而珍惜每一寸光阴。时间流逝便不可追回，如同老年人不能变成年轻人一样。想使你早有所成，你一定要好好读书，成为一个学者。你现在远离家乡，爬山涉水，离开兄弟妻子和儿女，是为了让你见识社会，效法那些道德品行高尚的人，获得各个方面的知识，目的在于成为一个有德行的人，对你周围的人要谨重。好与坏的区别，就体现在这上。人的一举一动，重在谨慎，说话要经过充分思考，做事要周到，否则就会致失败。父亲要使儿子做一个有德行的人，只是不想他有杀身之祸，其余的就没有什么痛惜的了。

幼束礼让　长教诗书

【原文】　乃易简参加政事，召薛氏入禁中，赐冠帔，命坐，问曰："何以教子成此令器？"对曰："幼则束以礼让，长则教以诗书。"上顾左右曰："真孟母也。"

【译文】　到苏易简担任参知政事的时候，宋太宗召他的母亲薛氏进宫，赐给他礼帽披肩，命她坐下后，问道："你是怎样教育儿子成为如此优秀的人才的？"薛氏回答说："他年幼时，我就教他懂礼貌和谦让，长大后则教他学习《诗》、《书》。宋太宗对身边的人说："真是像孟母一样。"

孝悌忠信　孟子所求

【原文】 世之教之者，惟教之以科举之业。志在于荐举登科，难莫难于此者。试观一县之间，应举者几人，而与荐者有几，至于及第，尤其希罕，盖是有命焉，非偶然也。此孟子所谓求在外者，得之有命，是也。至于止欲通经知古今，修身为孝悌忠信之人，此孟子所谓求则得之，求在我者也。此有何难，而人不为耶，况既通经知古今，而欲应今之科举，也无难者。若命应仕宦，必得之矣。而又道德仁义在我，以之事君临民，皆合义理，岂不荣哉！

荆浩《匡庐图》

【译文】 世上父母教导子女，只教他们如何应试科举。志向定在荐举登科上，困难也集中在这一点上。想想看，一个县应举的有多少人，真能成功的又有几人。至于考中进士的，那就更少了。大概这是命中注定了的，不是偶然的。这就是孟子所说的要想在外当官，必须有命运和机遇的帮助。至于教子女做一个通晓经术了解古今变化，加强自身修养成为孝悌忠信的人，则是孟子所说的是通过主观努力可以达到的，这又有什么困难的呢？但人们不向这方面努力。何况，你既然精通经术知道古今变化，那么参加科举考试也就没有困难。如果命令我当官，也是得心应手的事情。自己拥有道德仁义的高度修养，用它事俸王、统治百姓，都可符合义理要求，难道不是一件光荣的事情吗？

立身做人　孝悌为基

【原文】　予幼闻先训，讲论家法，立身以孝悌为基，以恭默为本，以畏怯为务，以勤俭为法，以交结为末事，以义气为凶人。肥家以忍顺，保交以简敬。百行备，疑身之未周；三缄密，虑言之或失。……莅官则洁已省事，而后可以言守法，守法而后可以言养人。直不近祸，廉不沽名。廪禄虽微，不可易黎畋之膏血，搜楚虽用，不可恣褊狭之胸襟。

【译文】　我小的时候听祖父讲论家法，作人立身要以孝顺父母、尊敬兄长为基点，恭敬沉静为根本，小心谨慎为要务，勤劳节俭为准则，而以与人交结为不重要的事情，以讲私人义气为恶人。以忍让和顺使家庭富裕，以诚实恭敬保持朋友间的友情。对自己多方面严格要求，还担心万一有闪失；三思而言，乃恐怕说话有失误。……做官要清廉简政，才可谈得上正确执法，遵守法令才可谈得上培养人才。为人耿直不去接近祸事，谦洁而不沽名钓誉。薪俸虽微薄，不可轻视这些百姓膏血；手中掌管刑法大权，不可凭意气用事。

孝敬忠信　方为吉德

【原文】　孝敬忠信为吉德，盗贼藏奸为凶德。

【译文】　孝敬父母，待人忠信，这是良好的道德；偷盗作贼，包庇坏人，这是不好的道德品质。

不私其父　非为孝子

【原文】　不私其父，非孝子也；不奉主法，非忠巨也。

【译文】　不能偏爱自己的父亲，不是孝子啊；不能为国家奉公执法，不是忠臣啊!

行于亲重　而不轻疏

【原文】　今有人于此，行于亲重，而不简慢于轻疏，则是笃谨孝道。

【译文】　当今有人对于行孝，倍加亲切尊敬，而不是出自于疏远而怠慢父母，这就是纯真而又恭恭敬敬的孝行。

孝行成内　嘉号布外

【原文】　孝行成于内，而嘉号布于外，是谓建之于本，而荣幸自茂矣。

【译文】　一个人对父母行孝，就会得到好的名声，这是做人的根本，它会给你带来数不尽的荣誉和幸福啊!

父母之恩　与天地等

【原文】　父母之恩，与天地等；人子事亲，存乎孝敬，怡声下气，昏定晨省。

【译文】　父母的恩情同天地一样宽广博大，做子女的不知道用什么来报答；做孩子的，侍奉双亲，主要的是要做到孝敬，要轻声细语，动听悦耳，晚上让父母安定，早上去向父母请安问早。

人子之道　以显父母

【原文】　夫人子之道，莫大于宝身、全行，以显父母。此三者，人知其善，或或危身破家，陷于灭亡之祸者，何也? 由所祖习非其道也。夫孝敬仁义，百行之首，行之而立，身之本也。孝敬则宗族安之，仁义而乡党重之，此行成于内，名著于外者矣。人若不笃于至行，而背本逐末，以陷浮华焉，以成朋党焉。浮华则有虚伪之累，朋党则有彼此之患。此二者之戒，昭然著明，而循覆车滋众，逐末弥甚，皆由惑当时当誉，昧目前之利故也。

【译文】　做儿子的道理，最重要的是爱惜自己的身体，完善自己的行为，光宗耀祖。这三条，人们都肯定它，但有的人却性命不保，家庭破败，招致覆灭之灾，这是怎么回事呢？是由于受到错误言行的影响而违背人子之道。孝敬长辈，仁爱善良，这在各种优自的品德中，占居主导地位，是立身处世的根本。孝敬长辈，那么宗族就团结和谐，仁爱善良，那么本乡人就尊重它，这样，自己的行为就规范了，而名声就传播世间了。一个人，如果不是诚挚待人，具备突出的德行，而是违背做人的根本道理，沾染旁门左道，就会肤浅浮躁，就会结成团伙。肤浅浮躁，会导致虚伪，招致灾祸；结成团伙，就会互相猜忌，引发灾难。这二条教训，是十分明显的。产生这两种灾祸的原因，是因为被当时虚假声誉迷惑，被眼前利益所蒙蔽。

事亲若曾　仅称"可"字

【原文】　父母于赤子，无一件不是养志。人子于父母。只养口体，于心何安，无论慈父慈母，即三家村老妪养儿，未有不心诚求之者，故事亲若曾子，仅称得一个"可"字。

【译文】　父母对于自己的孩子，没有一件不是培养他的心智和志向。作子女的对待父母，只供奉父母吃饱穿暖，于心何安。无论是慈父慈母，还是普通乡下老太太养育儿子，没有不诚心诚意希望儿子成人成才。所以即使像曾参那样孝顺父母，也只称得上一个"可"字。

人之事亲　事心为上

【原文】　人子之事亲也，事心为上，事身次之，最下事身而不恤其心，又其下身之以文而不恤其身。

【译文】　作为子女侍奉双亲，最重要的是关怀体谅双亲的心，其次是关心照料父母的身体，最不好的是虽然照料父母的身体但并不体谅其心，更坏的是只讲空话而没有任何具体照料双亲的行为。

事亲关键　悦其父母

【原文】　人心喜则志意畅达，饮食多进而不伤，血气冲和而不郁，自然无病而休充身健，安得不寿？故孝子之于亲也，终日乾乾，惟恐有一毫不快事到父母心头。自家既不惹起，外触又极防闲，无论贫富、贵贱、常变、顺逆，只是以悦亲为主，盖"悦"之一字，乃事亲第一传心口诀也。即不幸而亲有过，亦须在悦字上用工夫，几谏积诚，耐烦留意，委曲方略，自有回天妙用。若直净以甚其过，暴弃以增其怒，不悦莫大焉，故曰不顺乎天不可以为子。

【译文】　人心里高兴，情绪就畅快，食欲也因此增加而又不至于损伤身体，血气通和而不会抑郁，身体健康而自然不会生病，怎么会不长寿呢？所以孝子对于侍奉双亲要时时刻刻加以注意，只怕有一丝一毫不愉快的事情

浙江《黄海松石图》

烦扰父母。自己不触犯双亲，又竭力预防外界的影响，无论贫富、贵贱及变动之时、逆顺之境，都应该以令双亲欢喜为第一。使父母欢喜，是侍奉他们的第一秘诀。即使父母有些过失，也应该在"悦"字上下功夫，在令他们欢喜的前提下想办法。诚挚的劝谏，不厌其烦，认真留意，委婉谋略，自然会有奇妙的效果。倘若直截了当说明父母过失，就会增加过失，脾气暴躁增加其恼怒，那样就会使父母受到极大的伤害。因此可以说：不顺从双亲，就算不上是好的子女。

菜根生光

陈爱珠教子有方

陈爱珠系浙江桐乡乌镇上一位名医的独生女，19 岁时，嫁与同镇的沈永锡。

沈永锡 16 岁便中秀才，为人正直，具有进步思想。不幸的是，陈爱珠婚后 10 年，丈夫沈永锡即因病逝世。丈夫去世后，她毅然决然地独自一人肩起了养家教子的重担。她在丈夫灵前用楷书工整地写下了一副挽联：

幼诵孔孟之言，长学声光化电，忧国忧家，斯人斯疾，奈何长才未展，死不瞑目；

良人亦即良师，十年互勉互励，鼋碎春红，百良莫赎，从今誓守遗言，管教双雏！

这副挽联既高度概括了茅盾父亲沈永锡一生的德行，又深刻地反映了他们夫妻间的深厚情谊，也表达了她立志将"双雏"哺育成材的决心。

父亲去世时，茅盾只有 10 岁，泽民年仅 6 岁。陈爱珠勤俭治家，含辛茹苦，以有限的财力供儿子上学。她不仅关心他们的学业，而且教育兄弟俩要做一个正直的人。有一次放学后，有位同学要拉茅盾玩要，因要赶着回家做作业，茅盾没有同意。那个同学在背后追赶，结果不慎自己摔了个跟斗，手被划出了血。那个同学哭着到茅盾家"告状"，陈爱珠很生气，找来戒尺，要打儿子，幸亏学校老师前来劝止。老师对陈爱珠说："嫂子，你动不动就要打，我可要教你儿子小杖则受，大杖则走呢！"陈爱珠说："我何尝想打他，只是恨铁不成钢呀！"

茅盾兄弟后来都进入浙江省立三中读书。在校时，茅盾的国文成绩出类拔萃，泽民的数理化名列前茅。兄弟俩喜欢看书，寒暑假中，他俩爱看《三国演义》、《水浒全传》、《西游记》等古典名著。有些爱管事的长辈对陈爱珠说："老不看三国，少不看水浒，这些图书少看为妙。"陈爱珠却说："看这些书没坏处，至少可长进国文知识，还可以晓得社会上的事。"

茅盾中学毕业后，报考了北京大学预科第一类，就是文法高三科，这是茅盾向往的志愿，可是这个志愿与父亲的遗嘱有悖。

原采沈永锡逝世前，立下遗嘱，要两个儿子将来学理工科，理由是：第一，国家要振兴实业，需要理工人才；第二，万一亡国，有了理工这个本领，到国外也能谋生。而如今，茅盾违背了父亲的遗愿，怎么办呢？他思前想后心里十分矛盾。最后鼓足勇气，把报考文科的想法如实地告诉了母亲。

陈爱珠听后，缓缓地说："你父亲要你学理工，是为了振兴国家，今天你要学文，也是为了振兴国家，目的是一样的，不能重理轻文。你考文科，我支持你。"母亲的支持，终于使茅盾走上了学习"文科"的道路。

茅盾考进北京大学文科仅几年，弟弟沈泽民就考上了河海工程专门学校，陈爱珠闻讯，十分高兴。那天，她与茅盾一起，送沈泽民到南京上学，路经上海时，她特地跑到书店，给两个儿子各买一套《西史纪要》、《东洋史要》等历史书，还郑重地说："学史可以知兴亡，你们不管读什么，都要关心国家大事！"

1920 年，沈泽民准备从河海工程专门学校辍学，同张闻天一起，东渡日本人东京帝国大学半工半读，一边学习一边探求救国救民的真理。

陈爱珠见小儿子中途辍学，很不高兴。茅盾兄弟俩说：父亲在遗嘱中不是说，中国大势，除非有第二次变法维新，便要被列强瓜分么？泽民中途退学是去日本留学，探求救亡之道，以迎接"第二次变法维新"呀……

沈泽民临出国前，母亲陈爱珠从自己的箱子里，颤巍巍地拿出一个布包，慢慢打开，原来里面是一千元大洋。她对儿子说："这原来是我准备为你结婚用的，现在给你用作出国的学费吧。"

1921 年春天，沈泽民从日本归来，由茅盾介绍，参加了上海共产主义小组。陈爱珠当时已与长媳孔德沚从乡下搬到上海，与儿子们生活在一起。她深知儿子们在干"大事"，因此每当茅盾他们出去工作时，她就搬了张椅子，坐在门口守候，不管多晚，她都守着，锅里给他们留着热饭菜。

1938 年 8 月 13 日，日本侵略者大举进犯巳上海，茅盾要转移到大后方去，儿子希望母亲一道走。陈爱珠却冷静地对儿子说："我这把年纪了，你们这一去千山万水，我会拖累你们的。你们别管我，只管放心去吧!"送儿子上了轮船后不久，她自己就回到了故乡乌镇。1940 年 4 月 7 日，这位慈爱而又坚强的母亲因病去世，终年 66 岁。

茅盾始终不能忘怀母亲的养育之恩。1970 年，年已 75 岁高龄的他，援笔写下了怀念母亲的著名诗篇：

> 乡党群称女丈夫，含辛茹苦抚双雏。
>
> 力排众议遵遗训，敢犯家规走险途。
>
> 午夜短檠忧国事，秋风落叶哭黄垆。
>
> 平生意气多自许，不教儿曹作陋儒。

陈鹤琴育子有法

陈鹤琴，我国著名幼儿教育家。浙江上虞人。1914 年毕业于清华学校，同年 8 月公费留学美国，先从霍普金斯大学获文学学士学位，后从哥伦比亚大学师范学院，受教于克伯屈、孟禄、桑戴克等著名教授，获教育硕士学位。1919 年 8 月回国，任南京高等师范学校教育科教授，讲授儿童心理学与教育学等课程。1920 年，喜得长子一鸣，于是，便以一鸣为研究对象，对儿童的动作、能力、情绪、言语、学习、绘画等方面的发展进行了连续长达 808 天的观察与实验，写出了《家庭教育》一书。在该书中，陈鹤琴利用儿童心理学的研究成果，对父母怎样教育小孩子，作了科学的说明和指导，受到社会各界的普遍欢迎。此后，他曾创办南京鼓楼幼稚园、支持陶行知筹创晓庄乡村师范学校、筹建江西实验幼稚师范学校，创立了活教育理论体系。建国后历任中央大学师范学院院长、江苏省政府副主席、中国教育学会名誉理事长等职。并仍坚持从观察实验入门，研究幼儿教育。他从自己的孩子一鸣出生那天起，就逐日对其身心变化和各种刺激反应进行周密的观察和试验，写成了《儿童心理之研究》、《家庭教育》两本著作，这两本书对现在进行的幼儿教育仍有重要的指导意义。

陈鹤琴认为：小孩子尤其喜欢听好话，听鼓励，而不喜欢听恶言。受激励而改过很容易。

有一天，陈鹤琴看见他的儿子一鸣拿了一块破烂的棉絮裹着身体玩。他考虑，决定用积极暗示法去指导一鸣。他对儿子说："这是很脏的有气味的，我想你一定不要的，你要一块干净的。你跑到房里去向妈妈拿一块干净的。"他用激励法教育一鸣，一鸣一听见爸爸奖励他，就连忙跑到房子里去换了一块清洁的毯子，很高兴地改了自己的过失。

陈鹤琴总结、推广一种游戏式的教育法。有一次，陈鹤琴先生手里拿着一架照相机，叫他的妻子把女儿秀稚放在摇椅里。正预备要替她拍照时，作哥的一鸣却捷足先登，爬到椅子里去，也要爸爸替他拍照。陈先生再三劝告他总不肯出去。后来陈先生笑嘻嘻地对他说："一鸣！你听着！我叫一二三。我叫'三'的时候，你就爬出来，爬得愈快愈好。"一鸣看见爸爸同他玩，他很高兴地答应着。歇了一歇，陈先生就叫起来，说到"二"的时候，他一只脚踏在椅子的坐板上，两只手挨在椅子的边上，目光闪闪地朝他爸爸看着，等到爸爸说到"三"的时候，他就一跃而出，以显示他敏捷的样子。

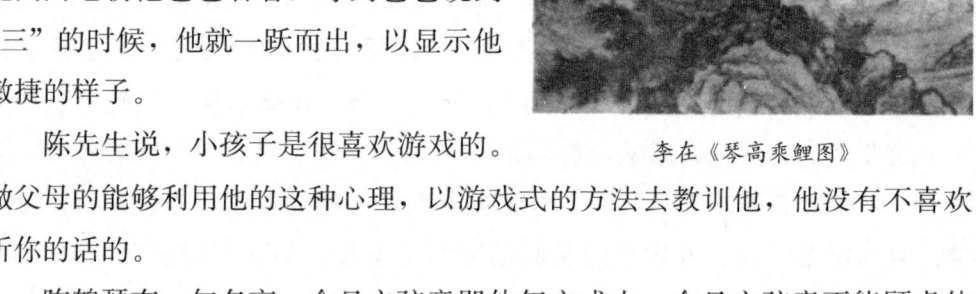

李在《琴高乘鲤图》

陈先生说，小孩子是很喜欢游戏的。做父母的能够利用他的这种心理，以游戏式的方法去教训他，他没有不喜欢听你的话的。

陈鹤琴有一句名言：今日之孩童即他年之成人。今日之孩童不能顾虑他人的安宁，则他年之成人即将侵犯他人的幸福。

一天，一鸣早晨醒来就吹洋号，陈先生低着声对他说："不要吹！妈妈、妹妹还睡着呢。"一鸣一听见爸爸低声说话，就不吹了。平时，妹妹在房里睡熟时，陈先生夫妇进去必定踮着脚走，说话也低着声。而且常常对一鸣说："妹妹睡了不要作声。"这样教育的结果，一鸣也能推己及人了。有次陈先生吃中饭后，在客厅里打盹。一鸣进来对他母亲说话，一看见爸爸睡觉，低着声对他母亲说："爸爸睡了"，就不作声了。陈鹤琴说，作父母的常常以顾虑别人安宁的话说给小孩听，而且做给小孩看，所以小孩也能顾虑别人的安宁了。

陈鹤琴观察儿子一鸣的个性发展中，发现他约二岁零五个月左右开始作伪。他平常吃饭的时候，常常不肯系围巾，但并无作伪现象。有一次吃饭以前，他母亲把围巾替他系上，他就喊叫说："痛的，痛的"，喊时把围巾拉下。拉下以后，陈先生又把它系上。他就大哭，而且再把围巾拉下。后来陈先生把他抱到房里，把门关着。他哭了一会不哭了。抱出来，仍然替他系上，他也不拒绝了。陈先生从此得了一个经验：喊痛不生效，继之以哭；总而言之，他用种种方法要去达到他不系围巾的目的。父母哪能姑息小孩子的作伪?!

陈鹤琴观察别人的小孩和自己的小孩后，得出了一个结论：以哭来要挟是小孩子的惯技，非但不雅观，而且是不好的习惯，所以做父母的应当毅然拒绝。

有一次，陈先生同一鸣玩秋千。家里要吃饭了，陈先生说："一鸣，要吃饭了，吃了以后再玩。"一鸣一定不肯，始则求爸爸，求之不得，继之以哭，哭得不够就睡在秋千架上撒野了。又有一天，在吃饭以前，一鸣要吃糖，他祖母拿了一颗来给他。陈先生不答应，不许他吃，他就躺在地上大哭。一家人在这两次以哭相挟中，都不去睬他，他要哭就让他去哭，他要撒蛮就让他去撒蛮。后来他无计可施，只得不哭了。陈先生说：其实小孩子稍微哭哭是不要紧的。他"一哭不遂"，以后就不会以哭来要挟了。

孟子曰："欺之以其方，虽君子亦不免"，陈先生认为小孩子的作伪和以哭相挟，既可以欺父母，就不妨欺别人；既可以作伪要挟于家庭，就不妨作伪要挟于社会，一定要禁止小孩子的作伪和以哭相挟。在实践中从小培养他们克服自身的弱点，更好地成长。

冯玉祥怒打爱子

冯玉祥出身贫寒，后来虽逐渐升迁，但并不忘记根本。他要求每个孩子必须学会洗衣服、缝补衣服，学会木工和耕地，女孩子还要练习刺绣。他在泰山读书期间，分给每个孩子一小块地，让大家耕种。他只要发现孩子们犯懒，就会说："少爷、小姐是废物，不要做废物点心。"冯将军没有给子女留下什么财产和特权、他在遗嘱中写道："至于我的几个孩子，虽然还有未毕业的，只要他们能自爱，有双手，就不会饿死的。"

冯玉祥小时候只上了一年私塾，深知没有文化的苦处，所以对子女的学习要求非常严格，他规定每个孩子每天得写一百个大字和五百个小字，并常对他们讲：他小时候买不起纸笔，就用一根细竹管，顶端扎上一束麻，蘸着稀黄泥汤在洋铁片和砖上练字。他特别重视记日记，对子女也是如此，他在给长女冯理达的爱人罗元铮同志的临别赠言中写道："必须细心的恒心的写日记，并且万不可间断，越详细越好。"冯将军还要求孩子们练习画画、背唐诗三百首。每天，吃饭时如果饭粒掉在桌子上，作爸爸的就会和孩子们一起背"谁知盘中餐，粒粒皆辛苦"的诗句，然后再把饭粒拣起来吃掉。

1931年"九一八"事变后，冯玉祥积极主张抗日，反对蒋介石的不抵抗政策和法西斯独裁统治。抗日战争爆发后，冯玉祥的儿子冯洪国从国外归来，参加父亲领导的抗日部队。因为洪国在国外留学期间，和一个日本大佐的女儿谈上了恋爱。回国后，他和这个日本姑娘依然情书往返，红线遥牵。冯玉祥知道后，对儿子的这种行为大为不满。他觉得，中日交战期间，身为军官的冯洪国继续写情书，很可能因此泄露国家机密。作为一个军人，应该把维护国家民族利益放在首位，可儿子连这个道理都不懂，他越想越气。一天，当冯洪国有事来看他时，他不但狠狠地批评了儿子一顿，还命令士兵把儿子捆绑起来，用棍棒打了一顿。然后又让他离开南京到北平29军任职。

冯玉祥怒打爱子的事儿传开后，部下将士对冯玉祥这种大义凛然，严以教子的精神都十分钦佩。然而，冯洪国却觉得自己有点灰溜溜的。他写信给父亲说，感到自己以后没脸见人了。冯玉祥及时对儿子作了复信，又继续晓以大义，语重心长地对儿子说："我曾告诉你古时候辕门斩子之故事……由此见先贤之先公而后私，又可见非如此不能使大家知道国法人情不能兼顾之道；决非宗保之父无父子之情，更非宗保之父不给宗保留脸面也。此中重要之点，尚希吾儿读书之时，看戏之时，得此深刻的教训，以期有益于你的为人和立身也。你觉得无脸见人，便是你'知耻近乎勇'的好关键，希望你时刻知道，若做错了事，人家就要看不起你；如此则不可不谨慎小心也"。

冯洪国看了信后，认识了自己的错误，后来挺起腰来，积极投身到全民抗日的战争洪流中去了。

那么，冯玉祥将军究竟怎样对待自己子女的恋爱婚姻呢？我们先看冯将军 1938 年 9 月的一首《示女》诗：

> 爱女弗伐，今日出嫁。
>
> 美言几句，赠尔记下。
>
> 切戒性躁，免生悔恼。
>
> 次戒多言，免讨人烦。
>
> 凡是恭敬，有人尊重。
>
> 遇事谨慎，免人谈论。
>
> 真诚不虚，作人根基。
>
> 勤俭耐苦，天助自助。
>
> 有学有德，平民生活。
>
> 小姐太太，害人自害。
>
> 夫妇和睦，一生幸福。
>
> 国与社会，均得其惠。

冯将军不包办子女婚姻，也不讲什么门第。女儿冯理达，1944 年在四川成都的齐鲁大学医学院上学期间，由于搞学运，认识了正在华学大学文学院学习的罗元铮。理达写信告诉妈妈后，妈妈从重庆来到成都，与小罗谈了一晚上，很满意罗的政治倾向，并不在乎罗家与冯家门不当户不对。在理达与元铮订婚后，冯玉祥夫妇也只是送给他们一套《鲁迅全集》。1946 年，理达随父母来到美国西部，冯将军在当地团结华侨，进行反蒋活动，理达为父母做饭、洗衣、开车，还要做接待工作和看电话，为了不影响理达完成学业，冯将军叫小罗设法来美国。1947 年，小罗冲破阻力，以红十字会难民的身份来到美国的时候，正好中国共产党在美国支部的负责人请冯将军到东部去，团结华侨和青年，成立"和平民主同盟"。冯玉祥决定带冯理达和罗元铮同行到美国东部去。

1947 年 9 月 28 日，冯夫人从柏克莱开车送冯玉祥三人东行。路上，她考虑女儿、女婿协助冯将军工作，没有结婚，很多事情不方便，就临时决定他们立即结婚。当时，冯将军让车停在马路上，找了一个街心花园，请路人为他们四人合影留念，就算举行了婚礼。晚上，在旅馆里，冯将军拿出纸墨，欣然命笔，送给女儿女婿一幅对联：

傅雷为儿当"舵工"

　　傅雷家中常常高朋满座，他们聚在一起谈文学艺术，论人生哲理。起先，傅雷不允许傅聪和他的弟弟傅敏在场，更容不得他们插嘴。而小孩子呢，天性好奇，总想挤在大人中间表现自己。大人越是不让听，小孩就越是想来听。有一次，画家刘海粟到傅家作客，与傅雷在书房内鉴赏藏画，两人之间免不了一番高谈阔论。说话间，傅雷忽然要去外间取东西，打开门竟见傅聪带着傅敏正偷听得入神。傅聪为此被父亲狠狠地训斥了一顿。

　　这件事发生以后，傅雷的心情久久不能平静。他反思训斥孩子究竟有没有道理，同时分析拒绝与接纳孩子参与大人谈话的利弊得失。考虑再三，他决定让小孩听大人论事，因为这样可以让孩子早涉人世，促使孩子早慧。于是，等孩子们稍稍长大一些，傅雷就允许傅聪和傅敏从"偷听生"转为正式"旁听生"了。

　　傅雷的朋友大都是社会名流贤达，有高尚的人品学养。所以傅聪从其孩提时代的"旁听"中，学到了许许多多在书本上学不到的东西。

　　还在傅聪很小的时候，傅雷就发现了他的音乐天赋。当然这是经过了一定日曲折的，而不是"一锤定音"。

蒋廷锡《幽兰丛竹图》

傅雷对教育子女有独到的见解。他认为每一个人都有自己的天赋，不能逆天赋而行。傅雷在给周宗琦的信中写道："天生吾人，才之大小不一，方向各殊；长于理工者未必长于文史，反之亦然；选择不当，遗憾一生。爱好文艺者未必真有文艺之能力，从事文艺者又未必真有对文艺之热爱；故真正成功之艺术家，往往较他种学者为尤少。凡此种种，皆宜平心静气，长期反省，终期用吾所长，舍吾所短。若蔽于热情，以为既然热爱，必然成功，即难免误入歧途。"基于这样的想法，当傅聪还在三四岁时，傅雷就在他稚嫩的心灵活动中寻找他天赋的闪光点，开始为傅聪铺筑人生之路了。

　　起先，傅雷曾让傅聪学习美术，因为傅雷觉得自己精通美术理论，又有许多朋友是中国画坛巨匠，如果傅聪能拜他们为师，博采百家之长，定会在绘画上大有作为。

　　谁知傅聪不是绘画的"料"，他在学画时心不在焉，那些习作几乎都是鬼画桃符，乱笔涂鸦，丝毫没有显露出预期的那种美术天赋。而与此同时，傅聪的一些细微爱好则引起了傅雷的注意。他发现儿子钟情于家里的那架手摇（发条动力）留声机，每当留声机在放音乐唱片时，儿子总是一动不动地依靠在它旁边静静地听，而每当此时小男孩那固有的调皮好动的天性即一扫而光。于是傅雷果断地让傅聪放弃学画而改学钢琴，此时傅聪已 7 岁半了。但傅聪的每一个细胞好像都是为音乐而存在的，他学琴仅几个月，就能背对钢琴听出每个琴键的绝对音高。在启蒙老师雷垣教授肯定傅聪"有一对音乐的耳朵"后，傅雷最终认定，自己确实发现了傅聪的音乐天赋。

　　傅聪自从与钢琴结缘后，如鱼得水，每天放学回家做完功课就全身心地扑在钢琴上。对于他的弹奏技巧，若不是亲眼目睹，很难相信这悠扬悦耳的琴声竟是一个小男孩弹出来的。傅聪 10 岁生日那天，傅雷为他买了一个特大蛋糕，又请来傅聪的许多小琴友，结果傅聪的生日庆祝会变成了一个少儿钢琴联欢会。令人叫绝的是，那天正好在场的著名音乐教育家丁善德还充当了评委。

　　1954 年 8 月，国家派遣傅聪到波兰学习钢琴，导师是"肖邦权威"杰维茨基教授。次年 2 月，傅聪经过 1 个月的紧张角逐，摘取了第五届国际肖邦钢琴比赛的"玛祖卡"奖，被新闻传媒称为"波兰的傅聪"。

　　比赛结束，傅聪继续留在波兰学习。当时他对在波兰学习钢琴的环境十分满意。他在给父母的信中这样写道：杰维茨基教授"在对每个作家的每个时期的作品的理解上，在世界上是有数的权威了"；"年轻的最好的波兰钢琴家差不多全出于他的门下。经他一说，好像每一个作品都有无穷尽的内容似的。""我所有的毛病都未能逃过他的耳朵。"

然而青年人的思想有如六月的天，说变就变。不久，傅聪产生了转学到苏联的想法，并得到了我国有关方面的同意。他这时还想乘转学之际，顺便回上海与阔别的父母见上一面。傅雷听说傅聪意欲转学的消息后，十分恼火，他觉得这是关系到儿子今后人生道路的大事。他立即给傅聪写了一封长信："我认为回国一行，连同演奏，至少要花两个月；而你还要等波兰的零星音乐会结束以后方能动身。这样，前前后后要费掉 3 个多月。这在你学习上是极大的浪费。""我们做父母的，在感情上极希望见见你，听到你这样成功的演奏，但是为了你的学业，我们宁可牺牲这样的福气。"傅雷劝儿子在"改弦易辙"时，一定要经过理智"天平"的权衡。他亲自帮他作了分析：苏联的教授方法是否一定比波兰的杰维茨基高明；假如过去的 6 个月是在苏联学习，是否成绩会更好；第五届国际肖邦钢琴比赛为什么波兰得了第一名，而苏联只得第二名等等。信寄出 18 天，傅雷再次给儿子写信："我并非根本不赞成你去苏联，只是觉得你在波兰还可以多耽二三年"。时隔 20 天，傅雷又致信傅聪："转苏学习一点，目前的确很不相宜。"两年过去了，傅雷坚持自己对儿子转学所持的反对态度，他在信中说："假如改往苏联学习，一般文化界的空气也许要健全些，对你有好处；但也有一些教条主义味儿，你不一定吃得消；日子长了你也要叫苦。""亲爱的孩子听我的话吧……20 世纪的人更需要冷静的理智，唯有经过铁一般的理智控制的感情才是健康的，才能对艺术有真正的贡献。"

傅聪终于听了父亲的教诲，克制了转学的冲动，继续留在波兰潜心于钢琴的学习。一颗耀眼的音乐之星在父亲的教导下，在世界乐坛上冉冉升起了。

曹聚仁善导子女

曹聚仁对女儿的疼爱，既不什么都管，也不放任自流，而是善于引导。他对女儿说："宁做丑小鸭，不当洋娃娃，心要细，胆要大。"他说的"丑小鸭"，其实并不丑，是勇敢机灵的意思。小鸭子敢走，敢游泳，不怕跌跤呛水，何丑之有呢？这番话后面还有一些小故事。

小曹雷四五岁时在幼儿园表演节目，有次登台不小心跌了一跤，台下为之哗然，而小曹雷却不慌不忙，翻身一跳站起来，即兴扮了个怪脸，反赢得了个满堂彩。趁这功夫，她载歌载舞起来："母鸡骂小鸡，你这个笨东西。我教你咕咯咯，你偏要叽叽叽。"唱罢还做了个侧身弯腰施礼的动作，又赢得了一片掌声。曹聚仁的朋友称赞说："真是块艺术好材料。"曹聚仁则对女儿说："叔叔们是鼓励你，你真要喜欢文艺，要心细胆大，不怕当丑小鸭……"

小曹雷要参加学校演讲比赛了，她请父亲写一篇演讲稿，曹聚仁笑道："那不行，是你讲，又不是我讲。这样吧，爸当你的秘书，你说，我记录怎样？根据老师对演讲内容的要求，曹雷思索了一下："那好，我长大了要当个演员，我笑让人家也笑。"曹聚仁说："秘书照写，不过演员可不是那么好当啊，首先要舍得吃苦。"曹雷在父亲的指导下，演讲比赛得了奖旗。这对她是个鼓励，增强了她当演员的信念。

曹聚仁博学多才，家中藏书不少。曹雷自幼也被培养了爱读书的习惯。曹聚仁常对她说："你将来如果想当演员，就应该多读点文学作品，演戏要有文学垫底，没有文学基础就演不好戏。"

曹聚仁因特殊工作的需要，于20世纪50年代初去了香港，但仍关心曹雷的成长，常通过写信与寄书来促进曹雷进步。曹雷要在《桃花扇》中饰演主角李香君，曹聚仁便给她寄来孔尚任的《桃花扇》曲本和评价《桃花扇》的著作《板桥杂记》等，为曹雷提供构思创造人物形象的素材。他还在信中详尽分析了李香君的性格特征，分析了戏中人物柳敬亭的高尚人格。他指出明末有些号称上九流的儒生，人格卑下，而被目为下九流的艺人，却是高尚可风，必须把握这个尺寸，演戏才有深度。曹雷在父亲的帮助下，成功地扮演了李香君这个角色。

曹雷在饰演《年青的一代》主角林岚时，曹聚仁又建议女儿去体验生活，读生活这部大书，并多结交朋友，聚其所长，凝为典型，然后才去塑造角色。曹雷按父亲的要求去做了，结果她扮演的林岚也获得观众的一致好评。《年青的一代》连演100多场，场场客满。曹雷在剧终时的一段说白，声情并茂，打动了那个时代无数青年的心。

曹聚仁一生著作甚丰，发表文字约在 3000 万字以上，其中有 20 多万字是专为女儿创作的，这就是《现代中国剧曲影艺集成》。该书是曹聚仁在大病之后的劳绩。他在给女儿的信中写道："雷雷，这是我为你做的一件大事，（你）40 岁以后，再看这本书，会明白我的用心……"

由于话剧《年青的一代》产生了良好的社会效果，原天马电影制片厂决定将其搬上银幕。曹聚仁知道这一消息后抱病给曹雷写信，祝女儿"更上一层楼"。当曹聚仁在香港看了女儿在这部影片上的表演后，赋诗给曹雷"默然相对影中人，娇唤爹娘恍似真"，流露出他对女儿舐犊情深的父爱。

每当曹雷在工作和生活中遇到挫折和困难时，父亲都给他以勇气和力量。1968 年，曹雷与李德铭恋爱屡受阻挠，父亲鼓励她读陆游的诗"山重水复疑无路，柳暗花明又一村"，教她耐心地等待时机。婚后曹雷怀孕生下的孩子不幸夭折，曹雷伤心万分。独居异乡的慈父在病中写信安慰她："我知道你在流泪，但我也知道你有勇气活下去……什么都无法劝人的，只有'日子'劝得了人……"曹雷回忆及此，含泪说："我父亲对我们子女的爱，真是山高海深啊！"

曹雷确未辜负父亲的期望，近 20 年来，她勤奋工作，在导演、译制片配音、节目主持等各项工作中，都取得出色成绩。她真情地说："我的些许成绩，与家父的教导是分不开的。"

陈嘉庚严束子女

陈嘉庚，是我国著名的华侨教育家、实业家。他亲历中国蒙受的耻辱，从小就立志报国。他组织广大侨胞支持中国抗战，并致力于祖国的教育事业。他看到国内教育落后，便自己出钱创办大、中、小学多所，还赞助了不少学校，他在福建他的家乡创办的集美学校和厦门大学更是享有盛名。为了祖国的革命和教育事业，他奉献了他所有的资产，为祖国的复兴做出重大贡献。建国后当选为人民政治协商会议第一届全国委员会委员，还担任其他职务，为祖国的建设发挥余热。

陈嘉庚对子女管束很严，他生活非常简朴，也要求儿女不得有一点浪费，虽然他有巨资，但为了办厦大，全家生活非常简朴。他从不允许子女买奢华的东西，不允许子女过养尊处优的生活。他的儿子上学总是自己去挤公共汽车，他从不用小汽车去接孩子。平时也很少出外游玩花钱。

有一次他一个儿子借了公司里 50 元钱，到了应该还钱的日子了，他儿子却并没有还，大家看在陈嘉庚的面上也不追究，谁知后来这事却被陈嘉庚查到了，他把儿子叫来骂了一顿，叫他立即将钱还给公司，否则予以处罚。他还对管事的人说："不要因为是我的儿子就可以借钱不还了。"。

厦门大学创立后培养不少人才，在国内外都享有美誉，每年都向国外输送一些名额的留学生。有一年在留学生申报表上，陈嘉庚看到有自己儿子的名字，忙问负责此事的人怎么回事。负责人说他这个儿子成绩也不错，应该有一个出国深造的机会，这样才对得起陈老先生。陈嘉庚说："他在国内也可以学很多东西。还是把机会留给成绩比他优秀的贫家子弟吧！"于是，他的儿子便仍留在国内学习。

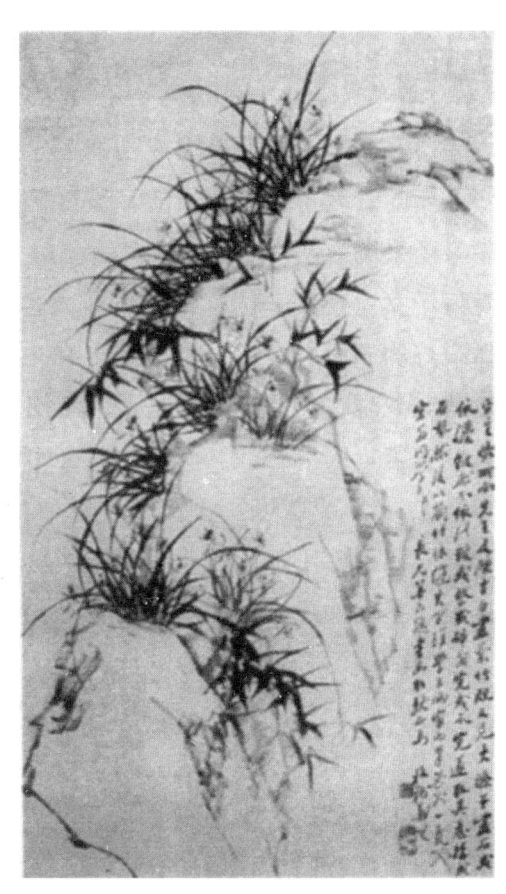

郑燮《兰竹图》

他对子女要求一直很严格，1958 年他有一个孩子回国探望他，他却突然生病，为了照顾他，这孩子就不能及时赶回去了，为了争取时间，有人提议用小轿车送他孩子去广州再转新加坡，他认为这是一种奢华，在他的坚持下，他的孩子只有乘火车到鹰潭，再转车到广州。

后来他年纪大了，卧病在床，他两个儿子连同儿媳一起回国看望他。他却对他们说："你们应该到处走走，看看新中国欣欣向荣的气象。或者上首都北京看看，或者回家乡看看，你们又不是医生，留在这守着我有什么用呢？去干一点该干的事吧！我的病会很快好的。"后来他的病真的好转了。

陈嘉庚先生去世后，将全部家产都留给国家办学，没有给子女留下什么钱财，他要求子女自食其力，为祖国做贡献。

王永庆磨练子女

历经千辛万苦而获得成功的王永庆，深知"磨练"二字的重要。所以他对子女的管教不仅是严格的，甚至是严酷的。他从自己的经历中总结了一套教育子女的方法。王永庆认为，"富不过三代"的成因就是富有人家没有教育好子女。他说："有钱人的子女已经有资本、有条件了。做不做得好呢？做得好的偶而有，但很少，美国有几家？日本有几家？三菱、三井创始人的后代，到现在连股东都不是了。""出生在贫苦人家的孩子，很容易体验到父母的辛苦，同情心油然而生，就会暗中产生要努力学习、努力挣钱来报答父母的心，就会成功。"王永庆这番话反映了他对生活环境，对子女成长的影响的看法。由于王氏家族十分富裕，王永庆唯恐优越的生活对子女产生负面影响，所以他想方设法让子女去吃苦，以达到养成他们勤奋、节俭的生活习惯和独立生活、独立创业的能力。

王永庆的长子王文洋，13 岁时就被送到英国留学。由于该校就他一名中国留学生，加上语言表达上的障碍，常受到同学欺侮，有一次竟被打得头破血流，遍体鳞伤，躺在宿舍里不能动弹。年少的王文洋期待着父亲伸出援手。王永庆知道后，虽然有些担心，但终于置之不理。王文洋在孤苦无援的期待中，被迫走上"靠自己"的道路，他不仅在学业上狠下功夫，还勤练中国武功。从此他"反败为胜"，在同学面前很是威风了。这种教育方式被王永庆称之为"置之死地而后生"。

王文洋 20 岁获物理学学士学位，21 岁时获光学物理学硕士学位，24 岁时又获得企业管理学硕士学位和化学博士学位。

王永庆少年时代因家贫辍学，13 岁时便到一家碾米厂当小工，过着凄苦的生活。今天的王永庆，在谈到他的成功经验时，强调得最多的是节俭。所以一旦王永庆发现儿女有挥霍懒散的现象，他会大发脾气，当面斥责。

王文洋在留学时，依照父训过着简朴的生活，甚至还为高年级同学擦皮鞋、洗衣服。获得博士学位后去美国打工，买的是一部只值 800 美元的旧车代步。如此节俭，谁会想到他竟是世界塑胶大王的大公子呢？

王永庆的次女王雪龄，在美国留学时与简明仁相恋，一直等到简获得电脑博士学位后方才结婚。王雪龄在购置婚礼用的鲜花时，跑了许多家花店，在货比二家后，才在价格最便宜的花店买了鲜花。王永庆对此十分赞赏，并送了一把剃刀给女婿，作为贺礼。

王雪龄与夫婿简明仁在美国学成后，回台湾开办大众电脑公司。现在大众电脑公司已经是台湾生产电脑主机板的大企业。王雪龄夫妇的财产估计也在 2 亿美元以上，已是台湾科技界及企业界的大亨。

有次记者问王雪龄，创业是否太艰辛。王雪龄答道："创业的人都是喜欢工作的人，工作不是辛苦，是一种乐趣。"王雪龄在向记者谈及自己的创业史时，她承认父亲的名望对自己有间接的帮助："银行的贷款会放心一些。"但她说，父亲对她最大的支持是他那种 365 天如一日的勤奋工作的精神。王雪龄每日从早上七八点钟工作到晚上八九点钟，从不松懈。人们都称赞，王家的子女都继承了王永庆勤俭敬业的家风。

1980 年，台塑集团在美国的石化厂破土动工，该项工程的前期施工刚告一段落，王永庆便把参加策划的王文洋调回台湾，让他从低层的生产科长做起。王文洋的才华慢慢显露出来，使台塑集团属下的几家亏损工厂起死回生，被誉为台塑集团"会下金蛋的母鸡"，深得员工好感。王文洋因在台塑业绩卓著，逐步升至南亚塑胶协理。从此许多人已开始把王文洋看做台塑未来的"少主"。

有位朋友对王永次说："王文洋在学业上已经获得了两个硕士学位，一个博士学位，现在又在经营能力上表现出了超人的才华，台塑接班人的问题基本解决了。"

王永庆说："父子情是一回事，企业追求合理化管理又是一回事。我不会马上这样做。再说公司经营得好，也不是他一个人的能耐，可以接棒的人一定有。公司那么多人，就你的儿子最能干？我的儿子（王文洋）能否接棒，要看他能否经得起磨练。"

事隔不久，王文洋在台北大学任客座教授时，与他指导的硕士生吕安妮发生婚外恋，被传媒炒得沸沸扬扬。台塑集团名誉因而受损，引发台塑股票下跌。王永庆以企业利益为重，免去了王文洋南亚塑胶协理的头衔，并声言要把王文洋逐出家门。免职令是由王文洋的顶头上司、南亚塑胶副总经理吴钦仁处理的。吴钦仁在王永庆面前力保王文洋，后来的处罚改为由王文洋向社会公众发表道歉声明，由台塑公司发表处分文告——王文洋停职一年。

王文洋在停职期间，应邀赴美国柏克莱大学任教授。在此期间，他向美国银行做项目融资方式筹资，在中国大陆兴建了电子材料厂。他称在两年之内就可达到 40 亿台币的营业额。他说，不准备再回台塑集团了，而是要自立门户创新业。王永庆知道后很高兴，他说："子女们能独立于父辈自撑门面，凭自己的能耐开避天地，这说明富有家庭对儿女的教育是成功的，也是父辈给予儿女们最大的自由。"王永庆的接力棒将交给谁，至今还是个谜。

李嘉诚"精心"育子

"王侯将相宁有种乎？"历史已经作了回答。富豪李嘉诚对其第二代的关心远远超过了对自己财富的关心。他深知留给儿子们金子，远不如留给他们一个点石成金的"手指"。

李嘉诚信奉儒家"穷则独善其身，达则兼济天下"的处世哲学，一贯勤俭诚信。在教育子女方面，他要求儿子生活上克勤克俭，不求奢华；事业上注重名誉，信守诺言。他特别教导儿子要考虑对方的利益，不要占任何人的便宜，要努力工作。

李嘉诚深知"人生的黄昏取决于黎明"的道理，对两个儿子教导甚为严格。他一方面让孩子体会到家庭的温暖，另一方面使孩子受到良好的教育。兄弟俩在香港中学毕业后，父亲便送他们到美国斯坦福大学留学，以利他们将来事业的发展。

如今，李氏兄弟在香港商界秉承其父风范，做事稳健，同时又表现出新一代的特点。他们喜欢从事有创意、富挑战性的工作，遇到困难则显出潇洒自如、知难而进的从容风度。从他们独立处理加拿大世界博览会旧址庞大的物业发展计划和策划收购美国哥顿公司"垃圾债券"等一系列大动作，不难看出这对新一辈香港新界"小超人"具有的惊人胆识和灵敏的商业头脑。

李嘉诚的长子李泽钜，出生于 1964 年，美国斯坦福大学土木工程系硕士；次子李泽楷 1966 年出生，美国斯坦福大学电脑工程学士、企业管理硕士。龙兄虎弟现已成为李嘉诚的左膀右臂，分别在各自的经济领域取得了瞩目的成就，引起社会的关注。

常言说"富不过三代"。富家子弟，最容易染上因富而生的坏习惯。因此李嘉诚有针对性地培养儿女们谦虚、勤奋、节俭的品质，在生活方面不向他们提供用于挥霍的金钱。次子李泽楷谈到父母对自己的严格教育时说："父母从不放纵我们兄弟二人，经常给我们灌输做人的道理。"谈到在美国斯坦福大学勤工俭学的经历时，他说："我和其他同学一样，零用钱得自课余兼职，做杂工，做侍应生。每逢假日就到高尔夫球场做球童，背着装满高尔夫球棒的大皮袋，在广阔无际的球场上满头大汗地跑上跑下，如此足足做了3年多呢！"长子李泽钜1993年的婚礼在希尔顿饭店仅开了十桌酒筵，将余下的预作婚宴开支的300万元港币捐给了天主教香港教区慈善机构。

李嘉诚的勤奋给子女们以深刻的影响。李泽钜工作非常努力，每天经常工作10多个小时。他说："压力来自自己。我喜欢接受挑战，我永远不会让自己停下来！我每月有一周要从香港去加拿大，一年坐飞机来回20多次。每次一下飞机便上班，确实有些累。因为两地时间颠倒，经常睡不着。"李泽楷对事业也十分投入和勤勉，经常工作到深夜，忙起来一做就是16小时。

李嘉诚教儿子从小了解社会甚有苦心。当儿子们还是八九岁孩子的时候，便让他们坐在会议室一角的小椅子上，出席董事会议。看着父亲如何与其他商人谈生意。多年来的潜移默化，加上父亲的耳提面命，儿子们对商业产生了浓厚的兴趣。

为了让两兄弟继承和发展自己创立的事业，李嘉诚在安排儿子"承继衣钵"的问题上可谓"处心积虑"。泽钜24岁时就被安排在中环华人行长江实业的办公室上班，跟随父亲学习经营之道，并负责处理加拿大温哥华世界博览会旧址的物业发展，同时精心安排前董事总经理周年茂、副董事总经理甘庆林等资深元老辅佐其熟悉业务。公开场合的传媒采访，李嘉诚常有意把机会让给儿子，说他对这方面情况较熟悉，回答更合适。可谓用心良苦。李泽钜25岁时，李嘉诚大胆提拔他为长江实业的执行董事；26岁时，被委任为机场咨询委员会委员、汇丰银行董事；27岁时，代替父亲被委为总督商务委员会委员，为李嘉诚逐渐"淡出"作平稳过渡。

次子李泽楷在美国斯坦福大学取得企业管理硕士后，回到香港，父亲安排他在和黄集团内工作，跟随李嘉诚的爱将马世民学艺。24岁时，李泽楷被委任和黄资金管理委员会董事；1991年3月，卫星广播有限公司（和黄集团与李嘉诚家族各占一半权益）正式成立，时年25岁的他被委任为执行副主席，李嘉诚出任主席。李嘉诚找来曾任香港电视总经理的陈庆祥出任卫视的行政总裁，辅佐次子泽楷经营。

李嘉诚对儿子的悉心栽培，没有令他失望。两个儿子初入商海便崭露头角，通过大手笔的商业投资，显出了大企业家的气魄，取得引世人注目的业绩。

李泽钜是加拿大温哥华万博豪园计划的主持者。1987年股灾后，李泽钜代表主要股东——包括李嘉诚、李兆基、郑裕彤以及加拿大帝国商业银行的协平世博发展公司——以32亿港元投得温哥华世界博览会会址一块面积达204英亩的黄金地段，发展为该市最出色的城市建设典范。身为协平

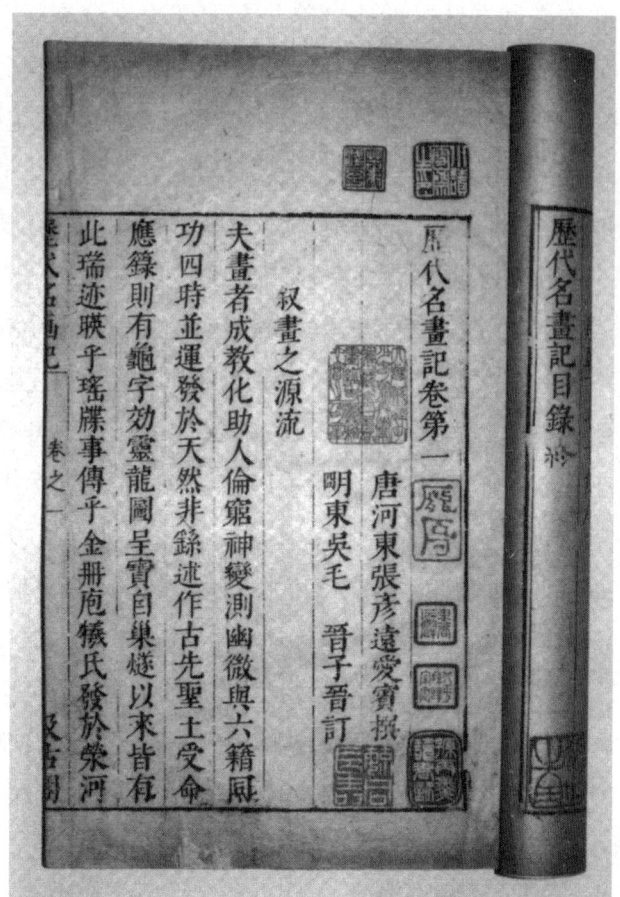

《历代名画记》书影

世博发展公司董事兼高级副总裁的李泽钜坦言，世博计划是由他一手策划的，他说："最原始的意念是我想出来的，从第一天起，我便亲自参加每一阶段的发展活动，为了使这个占地达温市中心总面积1/5的庞大地产开发计划能顺利完成，我在策划兴建的一年内，曾出席各种听证会170多个，会见各界人士2万多人，聆听他们的意见。"

1990年6月，年仅24岁的李泽楷，以和黄集团资金管理委员会董事经理的身份宣布：和黄考虑发展卫星电视，初步投资4亿美元。当时有不少知名人士对此不予看好，认为这是李嘉诚爱子情切的举动。李泽楷不理会社会上的种种议论，在陈庆祥的辅佐下，指挥若定，全然像一位经验丰富的行家里手，得到业界前辈的首肯。

当时，由于香港回归祖国在即，香港卫视的地位引起了澳洲传媒大王梅铎的关注，梅氏执意要收购卫视的股权。在卫视股权交易的谈判中，李泽楷

单刀赴会，礼貌地向梅铎表示双方如果谈得好便成功，谈不好便立刻离开，不准在此纠缠。这一番表白，令商场老将梅铎不得不速战速决。两个多小时密谈后，一切都已敲定：梅铎的新闻集团以 5.25 亿美元（约合 41 亿港元）购入卫视 13% 的股权。他为父亲李嘉诚及李嘉诚任主席的和黄集团各赚了 15 亿港元的利润，顿时成为香港新闻的焦点，称他为"小超人"。

李嘉诚对儿子的培养已结出硕果。李泽钜 1993 年 1 月已升任长江实业集团的副董事长、总经理。他有何计划赢得股东的信心呢？李泽钜谦虚地说："目前父亲仍是主席，我很怕'接班人'这个字眼。我只是尽力做，其他的董事是我的老师。"

李泽楷在卫视取得成就后，以 4 亿美元为本自立门户，投资高新科技项目，要自创另一番事业。

闻名于世的"李超人"培养"小超人"的计划正在继续着。

孟母悉心教孟轲

孟母姓仉，生卒年及事迹均不详。孟子三岁时丧父，从小由母亲抚养、教育。仉氏非常慈祥，很有见识，而且教育子女很有自己独到的见解。在《列女传》·《韩诗外传》等古书中记载了不少孟母教子的故事。

孟子还只有几岁的时候，有一天和母亲呆在屋里，正好碰上邻家杀猪，听到猪叫声，孟子便眨着大眼睛好奇地问妈妈："那是什么叫啊？"

孟母看着儿子天真的样子笑了，便随口逗孟子说："是杀猪，煮肉给你吃啊！"

话一说完，孟母便后悔了，这样随口骗孩子，那不是在教孩子撒谎吗？想想自己怀着孟子时，为了使孩子出生后做人能正直，肉切得不方正都不肯吃，座位摆得不正都不肯坐，现在自己却来骗孩子，那不是将过去的功夫都毁掉了吗？想到这里，她真的就出去买了猪肉回来给孟子煮着吃了。

孟母意识到小孩子性格尚未定型，很容易受外界环境的影响，所以她决定选择一个良好的客观环境以利于孩子的成长。这就是孟母三迁的故事。孟母带着孟子最早住在一块墓地附近，墓地里每天都很热闹，送葬的人来来往往、吹吹打打，十分忙碌，每天都有人在墓地里挖坑。孟子天天在墓地周围玩，觉得每天这么多人忙碌真好玩，于是他也学着他们的样子挖坑堆小坟墓玩，嘴里还念念有词。孟母一心想使孟子成为有学问的人，觉得墓地这个环境不利于孟子成长，决心搬家，她选中了市镇，认为市镇人多事多，可以开阔孟子的视野。尽管搬一次家不容易，她还是克服了重重困难搬到了市镇上，她认为市镇一定会是一个良好的环境。可是，市镇每天都有许多商人小贩来来往往叫卖、推销他们的产品，日子一久，孟子也学会了商人叫卖的话语，也学着商人担个小担叫卖起来。孟母见状自言自语道："这也不是我儿子该住的地方啊！"于是她又准备搬家，最后选在一所学校附近住了下来。学校里都是读书人，孟子天天和那些知书达礼的学生接触，天天听到他们的读书声，便非常羡慕，也学着他们的样子在家里做见面时行礼这样的游戏了。孟母高兴地说："这才是我儿子可以长期住下去的地方啊！"孟母这种注意环境影响的作法，对于孟子以后刻苦学习有着良好的作用。

孟子小时候也是一个淘气贪玩的孩子。有一天，孟子放学后回家，孟母正在织布，叫他过来问："你今天学习情况怎么样？"孟子漫不经心地说："跟往常差不多，没有进步也没有退步。"孟母看他这种对学习毫不认真的态度很不高兴，忽然拿起刀子割断了正在织的布，孟子见状非常害怕地问："布还没织完，为什么就割断了呢？"孟母正色说："你不努力学习，使学业荒废，就如同我割断这没有织完的布一样。古时候的君子都靠勤奋学习才得以成名，而且不断向人求教来获取广泛的知识。只有这样，平时闲居在家才能心里安宁，出门也可以避免祸害。如果现在你中途荒废了学业，便只能成为供别人使唤的人，也难以逃脱随时可能有的祸害。这与靠织布糊口道理相同，如果半途而废，拿什么卖钱买衣穿买粮吃呢？女子不好好干活糊口、男子不好好读书修德，不是成为盗贼就是成为人家的奴仆！"孟子深受教诲，从此不论白天晚上都勤学苦练、努力拜师求学了。

后来孟子长大了，娶了妻子。有一天他从外面回来，没有吭声就闯进了卧室，却发现妻子正叉着腿坐在床上，见到他时已来不及坐端正。他很不高兴，就跑去跟母亲说："我妻子不讲礼节，我要休掉她！"孟母忙问为什么要这样做。他说："我进卧室时她竟然叉着腿坐在床上，根本不懂得礼节，难道不应该休掉吗？"孟母一听马上明白了原由，便说："进卧室前要先跟里面的人打声招呼，这是古已有之的礼节，人在卧室中处于放松状态，各种休息姿势都是可能有的，你进卧室里没跟妻子打招呼就自己直接闯进去了，所以她叉着腿也来不及改换姿势迎接你，弄得她惊惶失措。这是你不懂礼貌，而不是她不懂礼貌啊！"孟子听后非常惭愧，忙去向妻子道了歉。

孟子从小到大一直受到母亲良好的教育，后来他成为品德、学问都很有名的儒学大师与仉氏的教育是分不开的。

朱轼治家倡节俭

历史的经验告诉人们，国不俭则衰，家不俭则败。因此，历史上那些有识之士，特别是一些著名的理财家，都强调勤俭治国，同时又强调勤俭治家。清朝康雍年间的大学士朱轼，就是从治国兴邦的目的出发，既强调国家的理财，又提倡家庭的节俭。

朱轼在治国安邦中十分强调理财、节俭的重要性，就在他临终前留下的遗疏中仍向皇帝建言："国家万世根本，君心所重者，理财、用人而已。"同时，他认识到，一个国家要节俭，首先要使民风崇俭。因此，反映在他的治家思想上是主张以节俭治家。因为国家是大家，而家庭是小家，小家不俭，大家亦难俭。因此，他强调"厚风俗，莫要于去奢崇俭"。

朱轼首先在自己的家庭中提倡节俭。他本人则"以身教俭，除供亿，减出入仪从，衣绨、啖粝"，以至家丁、属吏"无敢曳纨绮儿"。他还要求他的夫人也衣着俭朴，每日与仆人们一起洒扫、下厨。家中的生活与常人无异，吃、穿、用均制定了严格的标准，不论是平日还是年节、生日，均"毋得越"。朱轼任官几十年，一直如此。以致家人外出，别人竟不知出自官宦人家。

朱轼不仅自家节俭，而且还提倡所有家庭都要节俭。他曾多年任地方官，凡他所在之地，都要宣传去奢崇俭。他主张，"毋奢示俭，俭示礼"，并增定《礼记》，孙刻《颜氏家训》等颁行于世，以供世人学习仿效。他在任浙江巡抚时，鉴于"浙俗竞为浮靡，民朝不计夕，弊甚"，乃制定民间婚丧用度之品式，并规定"里党宾蜡宴会止五簋"，令民间遵行，"久之，浙民便之，郡邑长望风自饬"。后浙人呼为"朱公席"，表示对他的赞赏。朱轼在提倡节俭治家的同时，还注意言传身教。有一次，朱轼赴集市，见有一妇人衣着华丽，便问其夫为何人。妇人告知是卖菜者。朱轼听罢，深感民间追求奢靡之习俗必须改变。为了教育这位妇人，他便请她一起回府。到了巡抚衙门，妇人方知此人乃巡抚大人。朱轼带她到了厨房，并让她猜谁是夫人。当时，朱轼的夫人正在厨房"与女奴杂作"。妇人看了好久也认不出哪位是巡抚夫人。后来，朱轼指给她说："此炊者，夫人也。"并让她陪夫人一起吃午饭。午饭时，妇人见"馔惟蔬菜"，甚为感动。午饭后，朱轼没再说什么，便请妇人离署。那位妇人离署后，深感惭愧，乃改装从俭，并广为宣传巡抚大人家之节俭。自朱轼任浙江巡抚，大力提倡节俭治家后，"浙俗一变"。

沈周《庐山高图》

鄂尔泰戒弟奢侈

　　雍正朝著名大臣鄂尔泰，可谓清代满族官员中的佼佼者。他不仅勤于政务，在政治上协助雍正帝改革，为清朝盛世的出现做出了突出贡献，是一位杰出的安邦之才；而且他严于律己，对子女及家属管教十分严厉，又是一位治家的典范。

　　鄂尔泰的弟弟鄂尔奇从小和哥哥一起长大，但是二人的性格、品质却大不相同。鄂尔泰做官之后，一如既往；而鄂尔奇做官之后便开始讲排场，追求享受。鄂尔泰曾多次告诫弟弟，不可以一时得志而忘乎所以，鄂尔奇出于对哥哥的尊重，总是口头上答应，而行动上并未有所收敛。雍正五年，雍正帝提拔鄂尔奇为提督九门步军统领兼兵部尚书。鄂尔泰得知此讯，深感不安。他知道弟弟虽有才，但并不能以国事为重，而步军统领、兵部尚书均为掌握兵权之要职，这样一来，很可能会使鄂尔奇更加忘乎所以，这对他的前途是不利的。于是，鄂尔泰面见雍正帝，"力争不可"。雍正帝笑曰："卿虑尔弟反耶？"鄂尔泰回答说："兵权归一，不可启后世。"雍正帝不以为然，仍坚持己见，其实，他并不了解鄂尔泰的真实想法。

鄂尔奇升官之后，果然不出鄂尔泰所料，生活更加腐化。对此，鄂尔泰有所察觉，也有所耳闻。一次，鄂尔泰退朝之后，路过鄂尔奇家，便想了解一下弟弟的情况。当他走进弟弟的宅院之后，立刻感到这里豪华过度，心中十分不安。他来到鄂尔奇的书斋，掀开门帘，正要迈进，"见陈设都丽，宾从豪雄"，于是，一怒之下，"不入而去"。鄂尔奇发现哥哥掀帘不入，立刻追了上去，"急诣兄问故"。鄂尔泰站在庭院当中，当着众人的面，严厉斥责说："汝记我兄弟无屋，居祠堂时耶？今甫得志，而侈陈若此！吾知祸不旋踵矣。"鄂尔奇听罢，痛哭不已，并跪在鄂尔泰面前，请求宽恕。看到弟弟有悔改的愿望，鄂尔泰才算作罢。

以后，鄂尔奇每当听说哥哥要来，总要先将珍宝收藏起来才敢相见。然而，他并没有真正听进哥哥的告诫，虽然一时骗过了哥哥，但终于在雍正十一年因贪赃枉法被治罪。

彭玉麟劝弟勤俭

清朝有两位在治家方面受到后人称赞的大臣，他们有极相似之处，即都以教育自己的弟弟而闻名。这就是雍正朝的云贵总督鄂尔泰和晚清的兵部尚书彭玉麟。鄂尔泰戒弟奢侈，可谓有先见之明，而其弟却一意孤行，不听劝告，终于身败名裂。彭玉麟劝弟勤俭，终于使其弟迷途知返，并成为受人尊敬的人。抛开受教育者本身的态度这一主要原因之外，单从教育者来看，彭玉麟对其弟的严厉管教似乎更能给人以启迪。

彭玉麟有个弟弟叫彭玉麒，他俩从小一起读书、玩耍，感情笃深。彭玉麟十六岁时，父亲去世，"族人夺其田产"，欺凌其母子，一家人无法生活下去。一日，母亲王氏将玉麟兄弟二个叫到身边，伤心落泪地对他们说："此乡不可居，若等皆男子，当远出避祸，努力自立，成人而后相见。"于是，兄弟二人各自出走。不料，一别就是二十年。彭玉麟离家之后，到了府城，一边工作，一边读书，后来中了进士，做了官，便将母亲接到自己身边。他时常想念自己的弟弟，然而音讯皆无。直到母亲去世，也没有见到玉麒。

咸丰十一年，彭玉麟任安徽巡抚，并兼管军队。这时，他已是颇有名声了。一日，一位壮年男子找到军中，声称要见哥哥彭玉麟。彭玉麟出营相迎，果然是二十年未见面的弟弟玉麒。久别重逢，兄弟二人抱头痛哭。经了解，玉麟知道弟弟这些年一直在陕西、河南一带做生意。出于手足之情，彭玉麟对弟弟"护爱甚笃，与共寝食"。玉麒也十分感激哥哥的厚爱之情。

由于彭玉麒多年经商，养成了挥霍的习惯。他看到哥哥生活非常俭朴，虽然十分敬佩，却很不理解。他曾问哥哥，身为巡抚，为何如此清苦？彭玉麟耐心地给弟弟讲述勤俭治家的道理，并同他一起回忆少年时代的艰难。出于对哥哥的敬仰，彭玉麒在营中也只得与哥哥一样俭朴。但是，有一点使他难以忍受，那就是由于他"久客州县，服洋烟成瘾"。于是，他便趁哥哥不在的时候，偷偷抽鸦片烟。不料，一次被仆人发现，告诉了彭玉麟，彭玉麟得知此情，勃然大怒，因为他曾下令在军中禁烟，不想自己的弟弟竟带头违令。当然，可以说弟弟不知有此禁令，有情可原。但他从弟弟抽鸦片烟的事情中看到了他的生活腐化，如此下去，谈何兴家立业？联想到弟弟的问话，他更觉得弟弟多年在外，变化很大，若不及早教育，将来恐无以挽救。于是，他把弟弟叫到堂上，先令手下人责以四十军杖，然后"斥出之"，并严肃地告诉弟弟："不断烟瘾，死无相见。"随后拂袖而去，不再理睬。

彭玉麟的举动，引起了弟弟的深思。彭玉麒知道，不论是哥哥对他的爱，还是对他的恨，都深含着手足之情。他"感愧自恨，卧三日夜，濒死，竟绝不更服"。当他彻底戒掉烟瘾之后，又来见哥哥，并承认了错误，表示要痛改前非。于是，二人再次抱头痛哭，"复为兄弟如初"。

彭玉麟劝弟弟不可久留军营，应继续去做生意，以勤劳致富，并让他行盐业。后来，彭玉麒听从兄命，很快便"致赀巨万"。他发家致富之后，想送哥哥一笔钱，但彭玉麟"一无所取"。于是，彭玉麒接济贫穷，"恤贫笃义，乡人流落江淮者，悉收恤资之，岁散万金"，终于成了一位受人尊敬的人。而彭玉麟也因教育弟弟走上正路受到人们的称赞。

闵损为后母释嫌

闵子骞是孔子的七十二位高足之一，少孔子十五岁。关于他的生平事迹，古籍所载极其简略，然而他替后母说情解围使全家和睦相处的高尚品行，却有幸地记录下来。

闵子骞少年时候，母亲不幸病故，身边还有个年幼的弟弟。不久，父亲再娶家室，又相继生了两个儿子。这样，闵子骞共有三个弟弟，其中两个是异母弟弟。闵子骞的后母，心地偏狭，在饮食衣着上倍加袒护自己的亲生儿子，而对闵子骞兄弟俩却多有慢待。闵子骞心中虽然不快，但他知道父亲的难处，为了全家团圆，宁愿自己忍受着委屈。

这天，父亲出门去会见朋友，要闵子骞赶车。由于正是严冬季节，天寒地冻，车子刚离家不远，闵子骞的手便被冻得连马缰也拉不住了。父亲见他浑身发抖，诧异地用手撕开他身上穿的夹袄，发现里面续的竟是一团团芦花。这芦花怎么能御寒呢？于是，父亲怒气冲冲地回到家里，当着后母的面把其他三个弟弟叫到跟前，经过检查，发现两个小弟弟夹袄里填的是又软又厚的毛裘，而他大弟弟夹袄里续的也是芦花。这时，只听得父亲严厉地训斥着后母，说："我之所以娶你来家，也是为了这两个没有娘的儿子，你既然如此狠心，虐待前妻的孩子，那么，你就走吧，走得越远越好，我再也不愿意再见到你了。"说罢，父亲操起了一根棍棒，呵叱着要将后母赶出门去。刹那之间，哭的哭，喊的喊，一个本来平静的家，就这么搅乱得不可收拾了。

忽然，只听得咕咚一声，闵子骞跪倒在父亲面前。他劝父亲息怒，又诉说后母平日里对自己的关心和照顾。他流着眼泪说道："母在一子单，母去四子寒。若是母亲一走，岂但我兄弟俩无依无靠，连两个小弟弟也成了孤儿了！"后母听着听着，更是后悔自己的不是，禁不住泪涌如泉。她一步跨上前去，扶起闵子骞，激动得连话也说不出来。

王原祁《山中早春图》

从此，后母悔改前非，对待四个儿子不再厚此薄彼。全家和和睦睦地生活在一起。当孔子听说闵子骞上事父母、下顺兄弟的懿言嘉行时，赞叹地对其他弟子们说："孝哉闵子骞！"要弟子们向闵子骞学习。

后来，鲁国的大夫季氏要闵子骞到费城去当县宰，他为了照顾年老的父母，婉言谢绝了。他的孝行，受到后人的赞扬。如晋人夏侯湛有诗叹道："圣既拟天，贤亦希圣。蒸蒸子骞，立体忠正。干禄辞亲，事亲尽敬。勉心景迹，擢辞流咏。"

闵子骞为后母释嫌，虽然片言只语，却正体现出他的高尚人格。

兄肥弟瘦厚情谊

赵孝的父亲赵普，在西汉末年王莽时官至田禾将军，屯田于西北边疆，卓有政声。朝廷以他父亲的业绩，诏选他为郎官。他每次告假回家探亲时，总是穿着布衣，自己挑着行囊，从来不愿意惊动官府。一次，他因公出差，从长安返回京师洛阳，由于天色已晚，想到驿馆里歇宿。当地的亭长早已听说：贵为朝廷郎官的赵孝要经过这里，特意布置好一套漂亮的客房。赵孝来到驿馆以后，见里里外外都打扫得干干净净，准备盛情迎接他。他想：自己年纪还轻，又无功于国，怎么能享受这种待遇呢！于是，当亭长在驿馆门口盘问他的姓名时，他故意不说出自己的真名实姓。亭长询问道："听说田禾将军的大儿子赵孝出差长安归来，要打从这里经过，你知道他什么时候能到吗？"赵孝不露声色地回答说："听人家说，他要三天以后才能来这里哩！"说罢，他头也不回继续赶路去了。

赵孝就是这样一位躬身自守的人，他不愿凭借父辈的荣耀，也不肯以朝廷官员的身份，享受那种过于隆重的待遇。对于自己的弟弟赵礼，他也是恪守兄长的本份，教之以礼，导之以义，关心爱护，希望弟弟日后有功于国，成为一个品行高尚的人。

不久，天下大乱，盗贼横行，由是鸡犬不宁，五谷不登，到处都出现了人吃人的惨象。在一次慌乱中，弟弟赵礼被一伙强盗捉住了。赵孝听得消息以后，捶胸顿足，抱头大哭。他为了救出弟弟，用绳索捆绑自己的上身和双手，然后来到强盗们的住地。他对为首的强盗说："弟弟又瘦又小，如今又饿得皮包骨头，实在不值得宰杀烹煮，我赵某长的比较肥胖，情愿替弟弟偿命。"贼首听罢，大惊失色，却又厉声叫道："你难道不怕死吗？"赵孝镇定地回答说："兄弟亲如手足，如今弟弟遭难，做哥哥的见死不救，苟且偷生，这岂是为人之道。我赵某决无戏言，请你们先释放我弟弟，再杀我也不为迟。"贼首很受感动，将他俩兄弟松绑放了，说"你是个有义之人，我现在放你回去找些干粮送来，要不然再拿你抵命。"说罢，贼首喝令喽罗们将他俩推出门外。

赵孝目送弟弟安然走后，便四下里寻找粮食。当时，附近的百姓都是吃草根，剥树皮，又哪里有米面送给他。于是，赵孝毅然回到贼营，表示自己心甘情愿被杀被烹，以保住弟弟性命。强盗们佩服他的信义，终于放免了他。附近的百姓们也因此免除了一场灾难。他们纷纷上书朝廷，表荐他的高尚品行。

永平中，汉明帝刘庄有感于赵孝的为人，擢升他为谏议大夫、侍中，又征辟他弟弟为御史中丞。他俩在职期间，忠诚信义，谦让恭谨，深受明帝宠爱和大臣们的赞扬。

赵孝自愿以死请求替代弟弟的事，从此被传为美谈，比喻为兄弟情谊深厚的"兄肥弟瘦"这句话，也因辗转相传而变为成语典故了。

姜肱兄弟相替死

姜肱出身名门望族，祖父曾任豫章太守，父亲是任城相，母亲早逝，有兄弟三人，由继母抚养成人。姜肱居长，他经常对仲海、季江两个弟弟说："咱们兄弟从小没娘，幸赖继母维持家庭，才有今日，后母管教严厉了些，也是出自一片好心，她没有生养，我们可不能让她伤心。"于是，兄弟三人虽然相继长大成人，但为了服侍继母，他们不分家，同床共被。姜肱和仲海后来有了妻室，也总是回到家里，与继母和弟弟季江欢聚一起。亲戚邻里们都夸奖姜肱，说他不愧是姜家的好后代。

当时，朝廷里外戚、宦官两个集团，争权夺利，水火不容，皇帝年幼，形同傀儡，整个朝廷乱哄哄的。博通《五经》、兼明星纬的姜肱，目睹官场的腐败，多次谢免了王公们的举荐，情愿在家乡开馆授徒，以教书为业。他有弟子三千多人，声望很高。两个弟弟也是博览群书，学识过人，他们和姜肱一样，专心学问，不愿出仕为官，巴结权贵。于是，兄弟三人的名字，不径而走，远近知名。

一次，姜肱带着小弟弟季江去彭城讲学，途中被一伙强盗拦截了。强盗劫夺了他们的车子，抢走了他们身上的衣服，还恶狠狠地挥动着手中的大刀，扬言要杀死小弟弟季江。姜肱扑上前去，央求着说："弟弟还年少，尚未有妻室，身边仅有多病的后母，需要他去照顾。我自愿代替弟弟一死，你们就杀了我吧。"说罢，他弯下腰，两手按在地上，伸长了脖颈，等待一死。这时，却听得弟弟对强盗说道："我哥哥是家里的栋梁，上有老，下有小，不能没有他。我一身无牵无挂，死了也不可惜，你们放我哥哥走吧，我情愿代兄偿命。"姜肱焦急地要说话，他刚一抬头，早见弟弟已跪倒在自己的面前。兄弟两人四目相对，禁不住抱头痛哭。这时，只听一个强盗说："你们兄弟都是有德行的人，我们也只为生活所逼，才干这等勾当，你们都起来去吧！"说罢，那个强盗吆喝一声，叫伙伴推起车子走了。

却说姜肱和弟弟来到城里，亲友们见他俩上身只穿着小褂，脚上也不穿鞋，都惊异地问途中是否被盗。姜肱只是用其他话掩饰过去，绝口不提被劫的事。又过了几天，那伙强盗推着车子来到姜肱讲课的学堂门口，求见姜肱，向他叩头请罪。姜肱以礼相见，招待他们酒食。强盗们临走时，姜肱还送他们一些钱，劝谕他们去恶从善，重新做人。强盗们千恩万谢地告别而去。

永康二年，以曹节等人为首宦官集团，诱逼年仅十三岁的汉灵帝刘宏下了一道诏命，逮捕并杀害太傅陈蕃、大将军窦武等大批"党人"。曹节为了沽名钓誉，礼请姜肱出任太守。姜肱不愿与豺狼为伍，改名换姓，以行医卖卜为生。熹平二年，姜肱才回到家乡，不久病死，享年七十七岁。他的学生刘操等人，仰慕姜肱的高尚品德，镌刻了一块石碑，竖立在他家门口，以表述他们对老师的敬意。

曾子得官思双亲

曾子是古代一位有名的孝子。他在孔子的七十二个高徒中，以孝敬父母的品行为孔子所赏识。因此，司马迁在编撰《史记》时，曾以为《孝经》一书是曾子所作。后人亦多沿用其说。按《孝经注疏序》说："夫孝经者，孔子之所述作也。"孔子以曾子"孝行最著"，故"假立曾子为请益问答之人，以广明孝道。"这样，人们以为曾子作《孝经》一事，也就不足为怪了。

曾子出身贫寒。父亲曾皙是种地的农夫，脾气很坏，经常破口大骂。曾子不以为意，他总是谅解父亲。一次，父亲又发怒了，顺手操起一根木头向曾子掷去。曾子躲闪不及，顿时脑袋"嗡"的一声，昏得在地，鲜血直流，好久好久才苏醒过来。邻里们都为曾子打抱不平，要领他去责问他父亲，但曾子却坐着不动。他体贴父亲的穷困潦倒，脾气难免粗暴一些。他趁邻里们不注意自己时，蹑手蹑脚地退下堂去，一边弹琴一边唱歌，好像从来没有发生过这件事情似的。

曾子的母亲是一位贤妇人，她了解儿子的为人和志向，起早贪黑地纺纱织布，以便帮补家用和购买学习文具。在《战国策·秦策二》里，记载着这么一个故事：那时候，曾子住在费地（今山东费县），费地有个与曾子同名（曾子本名参）的人杀了人。有人跑去告诉他母亲说："曾参杀人了。"当时，曾母正在织布，她相信自己的儿子不会杀人，仍然继续端坐着织布。过了一会儿，又有人告诉曾母说："曾参杀人了。"曾母仍然不介意。再过了一会儿，又有人跑来告诉曾母说"曾参杀人了。"如此一而再，再而三，都说"曾参杀人"。曾母再也坐不住了，扔掉织布的梭子越墙而走了。事后才知道，原来是与曾子同名的人杀死人了。后世用来比喻流言可畏的"曾母投梭"、"曾参杀人"的成语。就是出自这段历史故事。

曾子拜别老师孔子以后，先是在鲁国当了一名小吏，薪金少得可怜，但他高兴极了。在他看来，钱虽然少，但总可以孝敬双亲，补贴家用。为此，他个

鲁得之《墨竹图》

人的用度非常节俭，每次回家都给双亲带去可口的食品和衣物。又过了些时候，比他年长四十六岁的老师死了，父亲和母亲也相继去世了。他本人呢？也在南方的越国当上了大官，吃的穿的住的应有尽有，每次出门时，光是跟随在他身后的车子竟有一百辆之多。但是，人们发现曾子终日闷闷不乐，连声叹息。这又是为什么呢？在《韩诗外传》里，记有曾子的一段话。他说：

往而不可还者，亲也。故孝欲养而亲不待，是故椎牛而葬，不如鸡豚之逮亲存也。吾尝壮为吏，禄不过钟釜，尚犹欣欣而喜者，非以为多也，乐道养亲也。亲没之后，吾尝南游于越，得尊官，堂高刀仞，榱提三尺，躬毂百乘，然犹北向而泣者，非为贱也，悲不见吾亲也。

这段文字用不着多作解释，大意是自己过去的薪金虽然不高，但因能够侍养双亲而高兴，如今官高禄厚，却因双亲亡故不能聊表自己的一片挚诚而感到哀伤。

江革"巨孝"名天下

江革事母至孝，故有"巨孝"之称。幼年丧父，独与母相依为命。新莽末年，天下大乱，江革负母逃难，备经险阻，常采拾以为给养。转客下邳，一贫如洗，于是为人佣工，以此赡养母亲，便身之物，莫不齐备。

建武末年，江革与母亲还归乡里。汉代制度，每年八月都要进行"案比"，即清查户口。江革因为母亲年老，无法经受路途颠簸，于是不用牛马，亲自拉车送母亲到县府。乡里以是称他为"巨孝"。太守礼召为吏，江革以母老不应。及母亲病卒，江革又寝伏庐墓守丧。

明帝水平初年，举孝廉为郎，补楚太仆，不久即辞职。章帝建初，太尉牟融举贤良方正，迁司空长史，五官中郎将。每次朝会，章帝常使虎贲扶持。有疾不会，则命太官送醪膳，恩宠有加。京师贵戚如卫尉马廖、侍中窦宪等奉书致礼，江革无所报受，得到章帝的赞赏，后转拜谏议大夫，因病告归。

元和年间，章帝为了表彰江革的孝行，于是制诏齐相：

夫孝，百行之冠，众善之始也。国家每惟志士，未尝不及革。县以见谷千斛赐"巨孝"，常以八月长吏存问，致羊酒，以终厥身。如有不幸，祠以中牢。从此，"巨孝"之称，名扬天下。江革死后，章帝又下诏赐谷千斛。

温席扇枕孝父亲

黄香是东汉人。他刻苦自励，博学经典，善诗能文。初为郎中，屡迁至尚书令，是一位清廉自守、众口称誉的大臣。《后汉书》和《东观汉纪》均有传。

黄香的父亲黄侃，本是个贫穷的读书人，虽然后来被举为孝廉，做过小吏，但在黄香还年幼时候，却是家徒四壁，食无隔宿之粮。黄香年九岁时，母亲去世了。他日夜悲哭，水浆不进，以至在给母亲送葬的时候，双脚疲软无力行走，只好爬着去送终。乡人们见他如此孝心，都感动得号啕痛哭。从此，他与父亲相依为命，过着十分贫困的日子。

黄香是一位心地纯善的孝子。他不辜负父亲厚望，帮助料理家务，抢着下地耕耘收割。在劳动之余，他从不浪费每一寸光阴，苦读诗书。于是，人们称赞他说："天下无双，江夏黄童。"他年龄虽然还小，但懂得要尽心孝敬父亲。在严寒的冬天，家中短缺棉被，他便先躺到床上，用自己身体的热量去温暖席子，然后跳下床叫父亲睡觉。待到夏天时，暑热难当，他就用扇子把床和枕头都扇得凉嗖嗖的，使劳苦一天的父亲得到安息。

在他十二岁那年，他的孝行被传到江夏太守刘护那里。刘护特意召见他，在他的名字上面加署了"门下孝子"四个大字，以资奖励。于是，乡邻们奔走相告，都说黄香必定大有出息。果然，黄香后来成为学问品行兼优的朝廷大臣。

"温席扇枕"，从表面上看不过是生活小事，但它体现了虔诚的奉孝精神。因此，这种美德为后人所仿效，并直接影响了东汉的罗威和西晋的王延等人。

在后人诗文中，每多用"温席"、"扇枕"、"江夏枕"、"黄香扇"等去形容事亲至孝之词。如岑参《送李宾客荆南迎亲》诗："手把黄香扇，身披莱子衣。"孟浩然《送洗然弟进士举》诗："昏定须温席，寒多未授衣。"又如苏轼《轼始于文登海上得白石数升可作枕以遗子明》诗："愿子聚为江复枕，不劳挥扇自宁亲。"再如黄庭坚《次韵答和甫庐泉水三首》之二："舍前帘影竹苍苍，事亲温席扇枕凉。"于是，"温席扇枕"遂成为常用的典故了。

曹娥孝心天地存

曹娥，东汉人。她父亲曹盱，好鼓琴，善讴歌，能婆娑起舞，是一位从事迎神送鬼迷信职业的巫祝。汉安二年五月初五日那天，他在江面上迎着浪涛跳舞请神，不小心被淹死，连尸首也找不着了。刹那间，看热闹的人们一哄而散，岸上冷冷清清的，只有那涛声还在咆哮，江水还在呜咽着。

这时，曹盱的女儿曹娥，年方十四岁，她听到父亲恶耗以后，不顾乡里们的劝告，沿着江岸号啕痛哭，哀怨之声昼夜不绝。她整整哭了十七天，仍然不见父亲的尸首。于是，她抱来一个瓜，扔到江里，祝愿道："瓜啊，漂到父亲尸首所在地时沉下去吧！"当瓜漂到一处沉没以后，她就纵身一跳投入江中。据说，又过了五天，已死去的曹娥终于托着父亲尸首一起浮上来了。乡里们感叹她的孝行，将她和她父亲葬在江边。

不久，山阳湖陆（今山东鱼台东南）人度尚出任为上虞令。据《续汉书》载，他少小时丧父，对母亲极为孝敬。当他听说曹娥的事迹以后，十分感动，决定立碑表彰曹娥，并叫弟子邯郸淳写碑文。邯郸淳虽然不满二十岁，赞叹曹娥之余，挥笔立成。碑文写道："悁伊孝女，……嗟丧其父，……诉呻告哀，赴江水号，视死如归。是以渺然轻绝，投入沙泥。翩翩孝女，载沉载浮。或泊洲渚，或在中流，或趋湍濑，或逐波涛。千夫失声悼痛，万余观者填道，云集路衢，泣泪掩涕……。"度尚又吩咐随从，将曹娥改葬于江南道旁，然后立碑以教后人。当时，议郎蔡邕听到消息后，连夜赶到曹娥碑旁。当他抚摸着这篇声声血泪的碑文时，感慨万千，便在石碑背后，题了"黄绢幼妇，外孙齑臼"八个大字。后来，才子杨修随曹操到江南途经曹娥墓时，终于得出蔡邕的题词为"绝妙好辞"。按杨修的话说："黄绢，有色的丝，色丝合为'绝'字；幼妇，即少女，少女合为'妙'字；外孙，为女儿之子，女子合为'好'字；齑臼，即臼中受辛，受辛合为'辞'（辤）字。如今，原刻的曹娥碑虽已下落不明，但曹娥的孝行却永驻人间，成为历代人们歌咏的盛事。

曹娥投水救父的那条江，已改名为曹娥江，在今浙江嵊县至上虞县地界。在那里，还有一座庙宇——曹娥庙。另外，据说现传的《曹娥碑帖》，还是东晋时著名书法家王羲之所写的拓本哩！

陆绩怀桔孝母亲

汉末天下大乱，东汉王朝名存实亡，军阀豪强纷纷割据称雄，诸如刘表据荆州，刘焉据益州，曹操据兖、豫二州，袁绍据冀、青、幽、并四州，公孙度据辽东，韩遂、马腾据凉州，以及孙策据有江东和袁术独占淮南等等。如何重新一统中国，仁者见仁，智者见智。当时江东有个少年，也曾为此发表宏论。这位少年，便是以孝义知名的陆绩。

陆绩六岁时，曾随父亲去九江郡（治今安徽寿县）。当时，袁术已在寿春（即寿县）称帝，号仲家。他为了拉拢人才，大会宾客，宴请邻近的州官郡守。陆绩随父亲出席宴会。宴会上摆着许多桔子，陆绩一边吃着，一边偷偷地把三个桔子揣入怀中。会散时，小小年纪的陆绩也走过去向袁术告辞。可是，当他跪拜时，不小心把桔子掉在地上。袁术生气地问道："陆郎来我这里作客，怎么反而要偷桔子呢？"陆绩回答说："我只是想带回去给母亲吃。母亲身体不好，我心里在惦念着她。"袁术和宾客们听后，都暗暗称奇。从此，"陆绩怀桔"的佳话便传扬开了。

又过了几年，孙策秉承父亲遗志，在江东建立了孙氏政权。张昭、张纮、秦松等人，在会议上一致以为，要孙策使用武力，削平割据势力，北上争雄，用刀用剑赢得天下。陆绩年龄还不到十岁，坐在最末的座位上旁听。他不同意这些言论，大声说道："春秋时管仲为齐

罗牧《山水图》

桓公宰相，齐国不费一兵一卒，使邻近的各个诸侯国心悦诚服，尊为霸主。孔圣人也说：'远人不服，则修文德以来之。'现在人们只知道动刀枪去取天下，而不懂得要用品行和道义去收揽民心。我虽然还是个小孩，读书不多，但私下听到将军们的议论，心里觉得很不安。我的意见究竟对不对，请大家评论。"张昭等人听罢，都诧异地称赞他。

陆绩在孙权统事时，出迁为郁林郡（治今广西桂平）太守。他博学多通，又精于天文数学，曾作《浑天图》，注《易经》，与名士虞翻、庞统等人交往，成为江东地区最有学识的人。可惜命运不济，年三十二岁去世，有子陆宏、陆睿，后来都是吴国官员；有女郁生，也以德行著称于世。

王祥孝卧冰求鲤

中国是个有着尊敬老人传统的国家，又有着严格的封建礼教，在民间广泛流传的孝子故事，则是这两者结合的产物。在诸多孝子故事中，王祥卧冰是影响颇大，流传亦广的一个故事，被选入二十四孝，成为孝顺后母的典范。

王祥幼年时，母亲薛氏去世，父亲王融又娶朱氏，朱氏遂成为王祥的后母。王祥自小对父母十分孝顺，他并不因朱氏是继母而不恭顺，但朱氏对王祥却很不好，屡次在王融处讲他的坏话，于是王融对儿子也不很好，经常要他去清扫牛粪，但王祥对父母更加恭敬谨慎。父母有病时，他"衣不解带，汤药必亲尝"。

王祥的恭顺，并未换来朱氏的慈爱，朱氏经常作出些不近情理的安排，"家有一李树，结子殊好，母恒使守之。时风雨忽至，祥抱树而泣"。朱氏有时还提出一些难于作到的要求，王祥也一一尽力去满足。"祥后母忽欲黄雀炙，祥念难卒致。须臾，有数十黄雀飞入其幕。母之所须，必自奔走，无不得焉"。

至于那个最为人所传颂的卧冰求鱼的具体经过是这样：在冬天最冷的时候，朱氏突然说："吾思食生鱼。"当时正值天寒冰冻，无法捕捞，"祥解褐扣冰求之，忽冰少开，有双鲤出游，祥垂纶而获之，于是人谓至孝所致也"。后来流传甚广的王祥卧冰就是在此事基础上添枝加叶演变而成的。后人曾对此加以辩解："解衣者，将用力击开冰冻，冬月衣厚，不便用力也。非必裸至于赤体，俗传为卧冰，无此事也。"可见王祥孝顺后母确有其事，但卧冰求鱼却出于后人的杜撰，其实，连黄雀入幕，冰开鱼出，恐怕都有夸张的成分在内。

尽管王祥处处小心恭顺，但朱氏仍将其视为眼中钉，"祥尝在别床眠，母自往闇斫之。值祥私起，空斫得被。既还，知母憾之不已，因跪前请死。母于是感悟，爱之如己子"。自此以后，可能朱氏的态度有所好转。在汉末的战乱中，王祥扶着后母朱氏，带着弟弟王览，到庐江避难，"供养三十余年，母终乃仕，以淳城贞粹见重于时"。

家庭之中，后母与前妻之子是最容易出现矛盾的，颜之推曾专门谈到这一问题："凡庸之性，后夫多宠前夫之孤，后妻必虐前妻之子。"可见这是个相当普遍的社会现象。颜之推认为这两者的关系极难调合，搞不好会造成门户之祸。对子娶后妻是持否定态度的。而王祥则在处理这一难于处好的关系上作出了极大的努力，赢得了乡里舆论的同情，最终也取得了后母一定程度的感悟。从记载来看，朱氏的作法颇多不可取之处，而王祥却逆来顺受，以德报怨，几十年始终如一，并不因自己长大自立后就有所改变，直到朱氏去世后，他才离家出仕。固然王祥的一些具体作法后人不必一一效仿，但他的基本态度却为处理类似的家庭矛盾提供了一个解决的途径。

此外，值得一提的是王祥的弟弟王览，他是朱氏的亲生儿子，在这场家庭矛盾中，他起到很好的调解作用。"览年数岁，见祥被楚挞，辄涕泣抱持。至于成童，每谏其母，其母少止凶虐"。他长大娶妻后，他的妻子也很贤惠，"朱（氏）屡以非理使祥，览辄与祥俱。又虐使祥妻，览妻亦趋而共之。朱患之，乃止"。王览和他妻子的作法，在处理家务矛盾中，是极值得称道的。

最后，还需提及的是，王祥尽孝的故事得到如此的称颂与宣扬，与他所处的时代也有着很大的关系。曹魏政权后期，司马氏控制了朝政大权，篡位的趋势日益明显，高贵乡公曹髦曾说："司马昭之心，路人所知也。"为了自己集团的利益，司马氏与历代统治者都提倡忠孝之道的作法不同，舍弃了"忠"，而提出"以孝治天下"。在此背景下，王祥的行为得到大力的提倡与宣扬，他本人尽管出仕时年龄已很大，但在魏晋之际历任司空、太尉、太保等显职，成为东晋、南朝时期位居江南士族高门之首的琅邪王氏的奠基人，东晋政权的主要创建者之一王导就是他弟弟王览的孙子。

会稽三许共称贤

东汉时期，会稽阳羡（今江苏常州义兴）人许武，以品德高尚声闻乡里，被郡太守第五伦举为孝廉。他有两个兄弟，一个叫许晏，一个叫许普，当时还是寂寂无闻。为了成全两位兄弟的美名，他请来邻里做证人，将家产分成三份，自己当场取走最好的一份。而许晏、许普呢，果然能够克己谦让，丝毫也不计较哥哥的自私自利。于是，乡亲们指着鼻子骂他是假孝廉，一致推举他的两个兄弟为孝廉的候选人。孝廉还不是官，但做官以前必须先当孝廉。这样，两个兄弟因品德高尚出了大名，而许武本人却遭到乡亲们唾骂了。

许武的用心是良苦的，他最后还是当着乡亲们的面，将所提的财产全部让给两个兄弟，自己一无所留。他对乡亲们说："我做哥哥的没出息，分家时独取大份，遭到大伙儿讥讽。如今家私比以前增长了三倍，我愿意全部让给两个兄弟。"

许武分产一事，在全郡中传开了。朝廷于是委任他为长乐少府，负责地区的税收和工程兴建工作。

许武的孙子许荆，字少张，也是一位受人尊敬的人。在他还是会稽郡小吏时，他哥哥的儿子许世因打架伤人。对方养好伤后，手持兵刃前来报复。许荆得知消息，连忙空着手跑到门外去迎接对方。他跪在地上说："小侄前时冒犯了你，过错全在于我平时不加管束。我哥哥死得早，就只有这个孩子继承香火后代。我对不起死去的哥哥，没有尽到抚育侄子的责任，因此，我愿意替小侄偿命，请你杀了我吧！"说罢，他闭起眼睛，伸长脖子，将头靠在大树根上。对方见此情景，怒气顿时消了一大半，连忙放下手中的剑，将许荆扶起来，说："许大官人是郡里有名的贤人，我哪里能做出对不起你的事呢？"从此，两家和好，往来不绝。郡太守黄兢于是推举他为孝廉。

汉和帝刘肇在位时，许荆升迁为桂阳太守。（桂阳，治今湖南郴州）这天，许荆巡行到耒阳县时，有个叫蒋均的人，因与兄弟分争家产，各不相让，告到官府。许荆叹息着说："我身受国家重恩，没有做到教化百姓，责任在于自己。他把蒋均兄弟找来，备案审查，又晓以大义，使他们兄弟深受感动，表示不再为家产打架。他在桂阳太守任上前后十二年，由于为政清廉勤谨，使桂阳地区风俗淳厚，百姓安居乐业。因此，许荆死后，当地人为之立庙树碑。

李士谦和亲睦邻

李士谦博览群书，学问精深，善天文术数，然淡于功名，不求闻达，安居乡里。

李士谦幼年丧父，为母养大，待母极孝顺。一次，其母亲生病呕吐，怀疑是食物中毒。他跪在地上遍尝呕吐之物，以确定真相。北魏广平王元赞闻其孝名，辟召他为开府参军事，当时其年纪仅只十二岁。后来其母去世，他长期服丧，哀痛难禁，不思饮食，以致形销骨立，从此不饮酒，不食荤。朝廷多次征其为官，均固辞不受，自此终生不仕。

他家庭极为富有，本人却非常节俭。然而急公好义，乐施好善，不惜倾囊为邻里排忧解难。州境之内有人无力办丧事，他即赶去资助。当地遭灾，田里欠收，他出粟数千石，赈济乡人。第二年收成仍不好，借债者无力偿还，登门道歉，他说："吾家余粟，本图振赡，岂求利哉！"于是召来全部债家，设酒席招待他们，当众烧毁所有借据，说："债了矣，幸勿为念也。"次年，当地大丰收，债家争相还债，李士谦坚决拒之，一无所受。他年又遇大饥荒，饿殍多有。李士谦倾尽家资，熬粥赈灾，赖以生还者数以万计。乡间遗尸，他都收留埋葬。至春季青黄不接时，又出粮济贫，并且准备种子，分送贫苦农民。赵郡农民感

吕纪《桂菊山禽图》

动万分，看到小孩子，就说："此乃李参军遗惠也"。有人对李士谦说："子多阴德。"士谦说："所谓阴德者何？犹耳鸣，己独闻之，人无知者。今吾所作，吾子皆知，何阴德之有！"其为人之谦冲有德，一至于此。

李士谦一生和睦邻里。乡间有人放牛疏忽，牛闯入李家田地，践踏禾苗。李士谦不但不以为忤，反而将牛牵至荫凉处，以上好饲料喂之，精心照料，甚于牛主人，其后设法还归本主。农民有贫困无存盗其庄稼者，他看见后，默不作声，避而远之，任其所为。其家僮曾经捉住一名盗割庄稼者，李士谦非但不加处罚，反倒安慰他说："穷困所致，义无相责。"命人放他回家。有兄弟两人分家不均，争执不下。李士谦听说后，出资补其少者，使之与多者相等。兄弟皆渐愧不已，于是互相推让，从此和好如初。

李士谦的行为，感动了当地广大人民。开皇八年（588），他殁于家中。赵郡百姓闻之，无不为之下泪，都说："我曹不死，而令李参军死乎！"参加其葬礼者有上万人，乡里人相与在其墓地为之树碑。许多人向李士谦家属馈赠钱物，其妻范氏说："参军平生好施，今虽殒殁，安可夺其志哉！"所有馈赠，一无所受，还拿出五百石粟济贫。

郑板桥不忘亲邻

郑板桥自幼家贫，三岁丧母。由于天赋聪颖，爱读诗书，深得父亲、叔叔和后母之爱。在他考取进士以前，曾写过一首《七歌》诗，对父亲、母亲、叔叔和后母等人的恩情寄以无限的思恋。在当上范县知事以后，俸禄虽然不多，但家庭生活却比以前好多了。于是，他除了供养弟弟郑墨和两女一男以外，把剩余的钱用来周济亲戚、乡邻和旧时同学。下面这份《范县署中寄舍弟墨》家书，便是他那高尚情操的确凿佐证：

刹院寺祖坟，是东门一支大家公共的。我因葬父母无地，遂葬其旁，得风水力，成进士，作宦数年无恙。是众人之富贵福泽，我一人夺之也；于心安乎？不安乎？

可怜我东门人，取鱼捞虾，撑篙结网，破屋中吃秕糠，啜麦粥，搴取荇菜蕰头蒋角煮之，旁贴荞麦锅饼，便是美食；幼儿女争吵，每一念及，真含泪欲落也！汝持俸钱南归，可挨家比户，逐一散给。南门六家，竹横巷十八家，下佃一家，派虽远，亦是一脉，皆当有所分惠。麒麟小叔祖亦安在？无父无母孤儿。邨中人最能欺负，宜访求而慰问之。

自曾祖父至我兄弟，四代亲戚，有久而不相识面者，各赠二金以相连续，此后便好来往。徐宗于陆白义辈，是旧时同学，日夕相征逐者也。犹忆谈文古庙中，破廊败叶飕飕，至二三鼓不去；或又骑石狮子脊肩上，论兵起舞，纵言天下事，今皆落落未遇，亦当分俸，以敦夙好。凡人于文章学问，辄自谓己长，科名垂手而得，不知俱是侥幸。设我至今不第，又何处叫屈来？岂得以此骄倨朋友？敦宗族，睦亲姻，念故交，大数既得，其余邻里乡党相赒相恤，汝自为之，务在金尽而止，愚兄更不必琐琐矣。

彭玉麟睦邻重友

古人重视治家，同时强调睦邻重友。因为任何一个家庭都不能以完全封闭的状态存在下去。家庭是社会的一个细胞，毕竟要与社会发生联系。翻开史册，那些被人称颂的治家典范，尽管情况各异，或能勤俭治家，或能尊长爱幼，或能严束子女，但他们几乎都有一个共同的特点，即能够睦邻重友。历史上还未曾有过一个横行乡里的恶棍被人树为治家的典范。清末有个兵部尚书叫彭玉麟，他就是一个极重睦邻重友的人。

彭玉麟统军多年，执法甚严，在军中有副铁面孔，并以"刚直之名满天下"。但是，他又能够善待朋友、邻里，兴办公益慈善事业，"然亦多情人也"。彭玉麟的这种性格特点，与其少年时代的处境是分不开的。彭玉麟少年时代，家境比较贫寒，时常受到乡里豪族的欺凌。他十六岁的时候，父亲去世，"族人夺其田产"，逼得他和弟弟抛开母亲外出避难。这一切，即养成了他嫉恶如仇的性格，同时又从反面深刻地教育了他，使他感到邻里间和睦相处的重要。

彭玉麟做官之后，与朋友、邻里之间始终保持着友好和睦的关系。他与人交往，从未使他人有自卑之感。有些人，一旦做了官，便大讲衣锦还乡，光宗耀祖。而彭玉麟则不然，他几次回乡祭扫母坟，"皆布衣、青鞋，不设舆从"，与家乡父老攀谈如友。对于任官之地的百姓，他也是待之以礼，不使人感到他是一位朝廷大员。他外出时，经常是"衣服朴质类村叟，一奚奴随之，亦村童也"，而不像某些人高举"回避"之大牌，使百姓望而生畏。一次，他到镇上的一个茶寮去听书，坐在普通百姓之中，竟无人知道他是何人。后因他惩办了一个在茶寮中作威作福的水师管带，"阖镇无不骇然"，人们才知道他的身份，不禁对他更加敬佩。彭玉麟做官几十年，"自府道至尚书，于交友，在卑位者未尝令依官礼，终身若布衣昆弟之好，当世称其高雅"。

彭玉麟不仅自己注意处理好朋友、邻里的关系，而且还严格约束家丁，不许他们外出时仗势欺人，败坏自己的名声。某年除夕，彭玉麟想吃鲜鲤鱼汤，便让厨人去购买。厨人跑遍全镇的集市，也没买到一条活鲤鱼。这件事，让一位姓洪的隐士知道了，他因为敬佩彭玉麟的为人，就把家中养的一尾鲤鱼送给了厨人。厨人非常高兴，接过鱼后便付钱，洪隐士不收。厨人面带难色地说："宫保有令，市物不予值者斩。今弗受，徒重吾罪。"洪隐士看到彭玉麟家法如此严明，更加敬佩，于是说："归告宫保，洪某此鱼非送宫保者，乃送彭义人者。"厨人回府，把事情经过讲述一遍。第二天正值元旦，彭玉麟特遣四差官赍名片至洪隐士家致谢。一时间，四邻传为佳话。

彭玉麟在善待他人的同时，还大力为家乡兴办慈善事业。史载，他出资助本县学田银二千，宾兴费银二千，育婴堂公费二千，独建船山书院银一万二千，以及衡清试馆银一万两。他如"京师及务直省湖南衡永会馆，凡募助公举者，动以千计"，他尤其注意尊长爱幼，凡"族中老者，岁有馈"，对穷苦乡民，"又计丁口遍资给之"。彭玉麟友善待人，"未尝有倾轧骄倨之心"，因此，"人皆推敬"。

曹植痛著别弟诗

曹植是曹操的第三子，魏文帝曹丕的弟弟，初封东阿王、鄄城工，改封陈王，死后谥思，故世称陈思王。善作诗，有文才，人称其"才高八斗"。他有兄弟多人，除文帝曹丕以外，尚有任城王曹彰、白马王曹彪等。当时，在曹操死后，建魏称帝的曹丕为了独揽大权，对弟弟们横加迫害。曹植自幼颖悟好学，满腹才华，他十分珍惜兄弟之爱，手足之情，盼望能够兄友弟顺，以享天伦。但是，在权势的面前，兄弟之间却是尔虞我诈，骨肉相残。他悲痛欲绝，愤恨交加，只有用自己手中的笔，哀诉着那份无休无了的手足之情。

早在父亲曹操为魏王时，曹操曾经有意要立他为王位的继承人。后来由于失宠，曹操才将王位传给曹丕。因此，当曹丕建魏称帝以后，对于曹植和其他兄弟诸王，断然采取了隔离和禁绝他们相互来往的做法。于是，兄弟之间，"甚于路人"，"殊于胡越"，比路上不相识的人还生疏，比不同种族的人还要隔阂。这一切的一切，使得曹植是多么伤心苦闷啊！

曹丕为了迫害曹植，处心积虑地网罗罪名。据说有一天，曹丕以皇帝的身份，限令曹植要在七步之内吟诗一首，否则要问以欺君之罪。曹植心如刀割，泪涌如泉，终于在他跨出七步的时间内做了一首诗。这就是历代相传的《七步诗》。诗中唱道："煮豆燃豆萁，豆在釜中泣，本是同根生，相煎何太急。"是的，豆子和豆苗都是同根所生，就像哥哥和弟弟皆出于同一父母那样，彼此之间又何必难于相容呢！然而，曹植毕竟是一位十分珍重骨肉之情的人，当魏文帝曹丕在年仅四十岁死去时，曹植还给他写了一篇洋洋洒洒的祭文悼词呢！

按照当时诸侯藩王的朝会制度，每年立春、立夏、立秋、立冬四个节气之前，兄弟们都要到京城洛阳举行"会节气"。黄初四年六月二十四日是立秋节，于是，鄄城王曹植和任城王曹彰、白马王曹彪等人，都要在各自的封地上提前动身。哪里想到，任城王曹彰到京城后不久，便不明不白地死了。这件事情，使曹植感到战栗不已。因此，在他七月间返回封地时，总想与弟弟曹彪同行，便马不停蹄地赶路。但是当他在成皋（今河南荥阳汜水镇）附近赶上曹彪后不久，又被朝廷派来的监国使者灌均拆开了。灌均毫不客气地训斥曹植说："朝廷明文规定，诸王在藩国封地上不得交往，鄄城王你是明知故犯啊！"曹植只好忍气吞声，依依惜别地回到驿站里，走笔如飞，写了一首《赠白马王彪》的诗。原诗颇长，除序言外，尚有七章八十句。这里只摘出若干片段：

谒帝承明庐，逝将返旧疆。清晨发皇邑，日夕过首阳。伊洛广且深，欲济川无梁，泛舟越洪涛，怨彼东路长。……本图相与偕，中更不克惧。鸱枭鸣衡轭，豺狼当路衢。苍蝇间白黑，谗巧令亲疏。欲还绝无蹊，揽辔止踟蹰。踟蹰亦何留？相思终无极。秋风发微凉，寒蝉鸣我侧。原野何萧条，白日忽西匿。……感物伤我怀，抚心长太息。……心悲动我神，弃置莫复陈。丈夫志四海，万里犹比邻。恩爱苟不亏，在远分日亲。何必同衾帱，然后展殷勤。……仓卒骨肉情，能不怀苦辛？……离别永无会，执手将何时？王其爱玉体，俱享黄发期。收泪即长路，援笔从此辞。

曹植这首诗，既有对哥哥曹丕的愤慨，更多的是悲叹与弟弟曹彪的别离。是的，曹彪要回白马城（今河南滑县东）去了，从此再也难于相见了！怎么办呢？他只有劝慰弟弟，大丈夫志在四方，虽然相隔万里也宛如近在比邻，又何必同床共被，但愿彼此保重你我俱享高寿吧！

此后九年中，曹植仍然郁郁寡欢，侄儿魏明帝曹睿对他更加严厉刻薄，藩地一再徙封，并且愈徙愈是贫瘠地区。他虽然能文能武，有着满腔报国情怀，但却无法施展。太和六年十一月，年仅四十一岁的一代诗人，带着没有了却的遗憾，终于过早地离开了人间。

陈元素《兰石图》

王微哀亡弟至死

王微，官至中书侍郎。他博学多通，上孝敬父亲光禄大夫王孺，下友爱弟弟王僧谦和从弟王僧绰。元嘉三十年，弟弟太子舍人王僧谦生病去世。他抚今思昔，哀痛欲绝，写了一封吊唁书信，以慰弟弟亡灵。书中写道：

弟年十五，始居宿于外，不为察慧之誉，独沉浮好书，聆琴闻操，辄有过目之能。讨测文典，斟酌传记，寒暑未交，便卓然可述。吾长病，或有小间，辄称引前载，不异旧学。自尔日就月将，著名邦党，方隆夙志，嗣美前贤，何图一旦冥然长往，酷痛烦冤，心如焚裂。

寻念平生，裁十年中耳，然非公事，无不相对，一字之书，必共咏读，一句之文，无不研赏，浊酒忘愁，图籍相慰，吾所以穷而不忧，实赖此耳。奈何罪酷，茕然独坐。忆往年散发，极目流涕，吾不舍日夜，又恒虑吾羸病，岂图奄忽，先归冥冥。……

弟为志，奉亲孝，事兄顺，虽僮仆无所叱咄，可谓君子不失色于人，不失口于人。冲和淹通，内有皂白，举动尽寸，吾每咨之。常云："兄文骨气，可推英丽以自许。又兄为人矫介欲过，宜每中和。"道此犹在耳，万世不复一见，奈何！难十纸手迹，封折俨然，至于思恋不可怀。及闻吾病，肝心寸绝，谓当以幅巾薄葬之事累汝，奈何反相殡送！……

吾穷疾之人，平生意志，弟实知之，端坐向窗，有何慰适，正赖弟耳。……阿谦！何图至此！谁复视我，谁复忧我。他日宝惜三光。割嗜好以祈年，今也唯速化耳。吾岂复支，冥冥中竟复云何。弟怀随、和之宝，未及光诸文章，欲收作一集，不知忽忽当办此不？今已成服，吾临灵，取常共饮杯，酌自酿酒，宁有仿像不？冤痛！冤痛！

王微在弟弟死后，百感交集，哀伤过度，不到四旬也死去。临死前，他留下遗言，丧事从简。他希望自己的亡灵，在九泉之下再与弟弟重叙友情。

李大亮尊长爱幼

李大亮年轻时就兼有文武才干。隋末曾任行军兵曹，唐初历任土门（今陕西富平东北土门坊）县令、金州（今陕西安康）总管府司马、左卫大将军兼太子右卫率兼工部尚书等职。

李大亮平生忠诚谨严，做事勤勉认真，即使是妻子儿女也不曾见过他有懈怠的时候。他任左卫大将军兼太子右卫率时，经常在皇宫和太子居住的东宫值夜。为了在发生紧急情况时能及时处理，每次值夜他都是和衣而卧，从不脱衣熟睡。唐太宗很信任他，曾对他说：每当你在宫中值宿，"我便通夜安卧。"

李大亮虽然深受皇帝宠信，历任要职，所得俸禄、赏赐的数量颇为可观，但个人生活却很俭朴。他的住处低矮简陋，衣服少而简单，只是酷爱读书。他任越州都督时曾抄书上百卷，离任时全部留给当地都督府。他虽然身居高位，名声显赫，却一向尊长爱幼，敦睦亲族。他对哥哥十分尊重，事奉兄嫂如同事奉父母一样。他先后所得的赏赐大多分送给亲戚，留下自用的很少。他曾尽自己的家产，为宗族中没有后代，死后无人安葬的三十多人隆重地料理后事，"送终之礼，莫不备具"。他还抚养了许多亲戚家的孤儿。

古时富贵人家有在死者口中放置珠玉的习惯，而李大亮由于把大部分家产都用于接济亲戚，葬埋死者，抚养孤儿，他去世时家中"唯有米五石、布三十端"，以至"无珠玉可以为含"。他去世后，人们都赞许他的美德。他抚养过的那些孤儿也都纷纷赶来吊唁致哀，其中以儿子之礼，"服之如父者十五人"。

唐太宗巧解纠纷

唐太宗李世民是唐王朝的开创者之一，隋朝末年，他助其父李渊于太原起兵，统一中国。他即位后励精图治，重用贤才，从谏如流，是历史上著名的杰出皇帝。他不仅长于文韬武略，善于进行政治和军事斗争，而且在调解晚辈生活中的纠纷时，也很注意方式、方法，不是拿皇帝或长辈的架子来训斥、压服，而是运用智慧，巧解矛盾。

唐太宗的女儿丹阳公主于贞观十八年（644）嫁给左卫将军薛万彻。薛万彻是贞观时期的名将之一，其祖上原居敦煌，后迁居雍州咸阳（今陕西咸阳东北）。薛万彻自幼随其父薛世雄至幽州（今北京西南）。隋末曾在幽州总管罗艺部下任裨将。随罗艺归附唐朝后，先在太子李建成部下。武德九年李世民发动玄武门之变时，他曾率东宫卫兵与李世民的军队激战，得知李建成已被杀后，避人终南山。李世民很欣赏他的忠诚勇敢，多次派使者入山招降。薛万彻为之感动，终于放下武器，出山归降。此后历任统军、右卫将军、右武卫大将军、青丘道行军大总管、宁州（今甘肃宁县）刺史等职。他骁勇善战，曾参加唐王朝削平地方割据势力梁师都政权以及与突厥、吐谷浑、薛延陀、高丽等的多次战争。多次以少胜多，屡建战功。贞观后期，唐太宗曾说："当今名将，唯李勣、（李）道宗、（薛）万彻三人而已。"

但由于他出身军旅，性格粗豪，多年生活在战场、军营，生活作风较随便，以贵族的眼光来看，则不免有些土气。唐太宗就曾对人说：薛驸马土里土气。丹阳公主听说后，觉得很丢面子，于是几个月不与薛万彻同床。唐太宗听说此事后哈哈大笑。他知道这是由于自己说薛万彻土气的话伤了丹阳公主的自尊心，于是想了一个巧妙的办法来调解他们的关系。他设了丰盛的酒宴，召丹阳公主和薛万彻来赴宴。宴会上，他与薛万彻玩握槊的游戏，用自己佩带的刀子打赌。他故意输给薛万彻，于是解下自己的刀子，亲手给薛万彻带上。这一下，丹阳公主的自尊心得到了满足，她非常高兴。宴会结束后，不等薛万彻跨上马，丹阳公主就急忙招呼他过来与自己一起坐车回去。

从此以后，丹阳公主与薛万彻和好如初，对他比闹别扭之前更加敬重。唐太宗巧解儿女纠纷之事也被人们传为美谈。

穆宁治家结和睦

穆宁，唐玄宗时怀州河内（今河南武陟西南）人。他的全家，上自父亲、家姐，下至四个儿子之间，和和睦睦，融融乐乐，堪称为一代的好家庭。

穆宁的父亲穆元休，是个很有学问和名望的读书人，曾向唐玄宗献书，擢为偃师丞。穆宁本人，性刚正，讲气节，初任盐山县尉。当时，安禄山、史思明造反，他虽然官职卑微，但募兵拒敌，先是斩杀被安禄山署为景城守的刘道玄，后又拒绝史思明要他出任东光令。当他知道平原太守颜真卿决心御敌时，便将全家老小拜托舅舅照顾，自己只身去见颜真卿。他说："我已无所顾虑了，杀身成仁，舍生取义，情愿听凭大人调遣，赴汤蹈火，虽死无怨。"颜真卿大喜，委任他为河北采访支使。从此，他积极配合各路官军，奔走于河北、徐州、鄂州等地，屡立战功。

安史之乱平定以后，穆宁官至监察御史、和州刺史和秘书监。他政绩卓然，治家严谨，对于守寡的姐姐，服侍极为恭敬。为了教育穆赞、穆质、穆员、穆赏等儿子们，他依据先贤的教谕，写成一部家书，要儿子们各抄写一本，时常温习。他对孩子们说："古代品德高尚的君子，在侍奉双亲时，不只是衣食住行，最主要的是使自己成为忠贞正直的人。如果没有大志，走的是歪门邪道，即使是山珍海味孝敬我，那也不是我的儿子呀！"

由于穆宁治家谨严，教以忠孝之道，为人之方，所以孩子们后来都很有出息：大儿子穆赞官至侍御史、宣歙观察使；二儿子穆质官至给事中、开州刺史；三儿子穆员官至东都佐史，早卒；四儿子穆赏官职不明，但他刚正廉明，亦大有父风。

　　在他们兄弟之间，恪守父亲穆宁制订的家令，友爱至笃，和睦相处，亲戚朋友羡慕他们，乡党邻里称颂他们，说他们兄弟就像一件件珍贵的食品：穆赞是"酪"，甜美可口；穆质是"酥"，又松又脆；穆员是"醍醐"，甘醇馥郁；穆赏是"乳腐"，余香芬芳。

　　穆宁一家，在当时被赞誉为模范家庭。他所撰写的家令，今已失佚不传。

李光进兀弟友善

　　李光进、李光颜兄弟二人是稽胡阿跌部落人。原居河曲（今青海东南黄河曲流处），后迁居太原（今山西太原晋源镇）。

　　李光进历任朔方军裨将、渭北节度使、灵武节度使等职，封武威郡王。李光颜历任河东军裨将、忠武军节度使、凤翔节度使、河东节度使等职。他们都曾参加唐王朝平定安史之乱及其后与藩镇之间的多次战争，李光颜还曾率军与入侵的吐蕃军队血战。兄弟二人都以勇健果敢、能骑善射、勇冠三军而闻名。他们原姓阿跌，因屡立战功，唐朝皇帝赐他们姓李，与皇室同姓，以示荣宠。

　　唐中后期，不少武将居功恃宠，骄横跋扈。不仅在外"嫉文吏如仇雠"，"视农夫如草芥"，就是在家里也是互不服气，你争我夺，父子反目，兄弟相残的事屡见不鲜。而李氏兄弟虽然在战场上都是搴旗斩将，出入如飞，使敌人望风披靡的勇将，但是在家庭生活方面却以孝敬母亲，互相谦让友爱而深受当时人称道。

　　他们对母亲十分孝顺。母亲死后，他们为母亲服丧，三年不归寝室，以表示对母亲的哀悼思念。

　　他们兄弟之间关系融洽，十分友善。弟弟李光颜先娶妻。当时他们的母亲还健在，老母亲把家事委托给李光颜的妻子，让她主持家务。老母亲死后，李光进也娶了妻子。此时，李光颜为表示对兄嫂的尊重，让自己的妻子清点、登记家中的财产，将钥匙交给嫂子。李光进却又让自己的妻子把钥匙交还给弟妹。他对李光颜说：“虽然我是兄长，但弟妹自初事奉母亲时起，就由母亲让她主持家务，现已多年，不能因我娶了妻子，就改变母亲当年的安排。此事不可改也。”此时，兄弟俩都被对方的诚挚、友爱所感动，于是互相拉着手，泪流满面。最后他们商定仍按母亲生前的安排，继续由李光颜的妻子主持家务。

东坡赏月怀子由

明月几时有？把酒问青天。不知天上宫阙，今夕是何年。我欲乘风归去，又恐琼楼玉宇，高处不胜寒，起舞弄清影，何似在人间。

转朱阁，低绮户，照无眠，不应有恨，何时长向别时圆？人有悲欢离合，月有阴晴圆缺，此事古难全。但愿人长久，千里共婵娟。

这首《水调歌头》，为北宋词人苏东坡（即苏轼）在四十一岁时所作。词序写道：“丙辰中秋，欢饮达旦，作此篇兼怀子由。”子由，即苏东坡的弟弟苏辙。他俩都是文坛圣手，与父亲苏洵同为“唐宋八大家”。

那么，苏东坡中秋赏月，何以独自怀念着弟弟子由呢？原来，他俩早年在家乡眉州眉山（今属四川）时，形影不离。苏东坡比弟弟大两岁。他见父亲任职在外地，母亲程氏日夜操劳，便主动把弟弟的学习和日常生活承包下来，与弟弟同住一室。弟弟在《逍遥堂会宿》诗序中曾回忆往事说：“辙幼从子瞻（苏轼字）读书，未尝一日相舍，既壮，将游宦四方。读韦苏州（即唐诗人韦应物）诗至‘安知风雨夜，复此对床眠’，恻然感之，乃相约早退，为闲居之乐。”（按，韦诗《示全真元常》作“宁知风雪夜”）

苏东坡和弟弟经常在风雨之夜里，对床共语，倾心交谈，如切如磋，互相鼓励。于是，他俩在嘉□五年，一举成名，同登进士及第。

然而，苏东坡仕途失意，官运多乖。当时，内忧外患，国事日蹙，以王安石为首的革新派倡导变法，以文彦博、司马光为代表的守旧派则极力反对，身为祠部员外侍郎的苏东坡，政治见解独树一帜，他赞成变法，却又批评王安石忙于立法而不重视对贪官污吏的查办整顿。对于旧党司马光，他也正直敢言，批评他们的"新法不可行"的见解是因循守旧。于是，在"新党""旧党"之争中，两边都对他有成见，他被排挤出朝廷，调往外任，自是不言而喻了。而他弟弟呢？后来也被逐出朝廷出任地方官。

苏东坡兄弟俩分手以后，彼此书信不断，思念之悄跃然纸上。如苏东坡在《东府雨中别子由》一诗中，写有"对床定悠悠，夜雨空萧瑟"的诗句；子由在《后省初成直宿呈子瞻》的诗中，也以"射策当年偶一时，对床夜雨失前期"的诗句，重温着兄弟间昔日的情谊。

熙宁九年，苏东坡山杭州通判再次贬谪密州（今山东诸城），这时他已四十一岁了。政治上的失落感，使得他的心情非常忧郁。而少年时和自己朝夕作伴的弟弟，也已是整整七年没有见上一面。他想：弟弟先是被贬为陈州教授，后又贬至齐州典掌书记，境况也是穷困潦倒。面对着一轮皓月，光华四泻，自己饮酒赏月，弟弟是否正在对月伤怀呢？他再也无法消除对弟弟的思念之情，便乘着酒兴，写成了这首在文学史上享负盛誉的《水调歌头》。

陈汝言《荆溪图》

苏东坡在这首词里，消极悲观的心情是显而易见的，但他仍然热爱生活，怀念着天各一方的弟弟，他自言自语地发问道："月亮啊！您对人间世界该没有什么怨恨，可为什么总是趁着人们离别、孤独的时候分外的圆呢？"最后，他寄语弟弟："人生毕竟有悲欢离合的，就象月亮有阴晴圆缺那样，我俩虽然远隔千里，难得再见一面，但愿相互祝福，自得其乐，一同欣赏这一年一度的中秋月吧！"

范仲淹设置义庄

宋代名臣范仲淹以"先天下之忧而忧，后天下之乐而乐"名传千古，人们往往称道他的政治才能和一心为公的精神，对他创立义庄之事却知之甚少。

范仲淹家乡为苏州吴县（今江苏苏州吴县），其家族多聚居于此。在古代，人民的生活极不安定，丰收的年景，尚可过得去，遇到天灾人祸，婚、丧等事，就非常困难了。范仲淹居官清廉，平时俸禄除补家用之外，便施予族人，但尽管他节衣俭食，仍无法解决族人困难，因此想出创制义庄的办法。所谓义庄，就是以范仲淹的俸禄买田十余顷，雇人耕种，"所得租米自远祖而下诸房族，计其口数，供给衣食及婚嫁丧葬之用"。为了使义庄的收入分配合理，范仲淹制定了包括管理、分配办法的《义庄规矩》。

范仲淹所定的《义庄规矩》共十三条，大体内容在下面予以介绍。

1. 逐房计口给米，每口一升，并支白米；如果支取糙米，可临时折扣，糙米一斗折白米八升；每人每月支白米三斗。

2. 男女都从五岁以上计算口数。

3. 女使有儿女在家，及十五年，年五十岁以上给米。

4. 冬衣每口一匹，十岁以下、五岁以上每人半匹。

5. 每房允许支给一名奴婢粮米，但不支给衣物。

6. 有吉凶增减口数，要立即登记上簿。

7. 逐房各置请米历子一道，每月末在掌管人处批请，不得预先隔跨月份支清，掌管人亦置簿拘辖，簿头记录各房人口数定额；掌管人如自行使用或支与他人，允许各房觉察后勒令赔偿。

8. 女儿出嫁，可支钱三十贯；再嫁支钱二十贯。

9. 娶媳妇支钱二十贯，再娶不支。

10. 子弟出外任官，每次回家等待任命，或守丧，或在川、广、福建任官，留在乡里，都依各房例支给粮米、绢布和办丧事的钱；虽然任官，但有事留家的，也依此例支给。

11. 各房丧葬，尊长有丧，先支十贯，埋葬时再支十五贯；次长支五贯，葬时支十贯；卑幼十九岁以下丧葬一律支七贯，十五岁以下支三贯；十岁以下支二贯，七岁以下及婢仆皆不支。

12. 乡里外姻亲戚，如贫窘中非常急难，或遇年饥不能度日，诸房共同了解属实，便可在义庄支米，适当救济帮助。

13. 所管的逐年粮米从皇□二年十月支给每月的定额，以及冬衣绢布。自皇□三年以后，每一年丰收之后，都要留下够用二年的粮米，在灾荒年，除了给定额粮米之外，一切都不予支取，如果所存粮米够二年支用有余，先支丧葬，次及嫁娶，再有余，才支出冬衣。如果所余不多，吉凶等事便由众房商议，均匀支给。若粮米再少，便先支给办丧事之家，后支给办喜事的人；如果同时都有丧事，则先支给尊长之家，后给卑幼之人，如尊卑也相同，便依所亡所葬的先后支给。要是在支取定额和吉凶等事之外，尚有余粮，也不得粜出转卖给他人。假如仓中有三年以上的储备，顾虑陈腐，在秋季收成时才可粜出，然后换回新米储存。

范仲淹的初定规矩之后，其子弟又在神宗熙宁六年（1073）制定了《续定规矩》，共有三条，其中有两条是奖励学有所成的族人。

1. 诸位子弟得大比试者，每人十贯，再贡者减半，并须实赴大比试乃给，即已给钱而无故不试者追纳。

2. 诸位子弟纳人采伐近处竹木，由掌管人申官理断。

3. 诸位子弟内选曾得解或预贡有士行者二人充诸位教授，月给糙米五石，若米价每石及一贯以上，即每石支钱一贯。虽不曾得解预贡，而文行为众所知者，亦听选，仍诸位共议，若学生不及六人，只给三石，及八人给四石，十人全给。

从义庄规矩中可以看出，钱米支出基本上在族人中平均分配，不分贫富尊卑，仅有的区别是办丧事时尊者有优先权且数量稍多；其次，每年都要有所储备，以备荒年；遇荒年时以救荒为先，丧事次之，婚事再次；对确有困难的亲戚也可赡补。在续定规矩中又增加了资助教育和鼓励子弟学习文化知识的条文，这在古代是个很有创见的作法，对提高族人的素质、教养起到了重要作用。

范仲淹所创义庄，对族人渡过灾荒，筹办婚丧之事，以及帮助无力自存的人很有成效。其后，他还设立了义学、义宅，以义庄中的部分收入作为经费，为族人提供免费教育，为无屋可居者提供住房。"其宗族者宅于斯，学于斯，所耕者义田，所由者义路"。由于范氏义庄效果显著，朝野人士争相仿效。如吴奎所建之吴氏义庄，韩赞的韩氏义庄，向子谭的向氏义庄，此后，宋、元、明、清历代都有效法者。但多由于规矩不合理、管理不善或其他原因而衰落。唯有范氏义庄，经过历代变乱，人事沉浮，沿续了九百余年，清末冯桂芬曾在笔记中说："吾乡范文正公守杭郡，买义田立义庄贮租，迄今且九百年，世被其泽。"在这九百年中，范氏义庄由当初的千余亩，发展到消道光时的八千余亩；其族人也由最初的九十口发展到乾隆时的一千五百余人。范氏义庄之所以相沿九百余年不衰，并发展壮大，有几个重要原因。一是范仲淹品德高尚，全心竭力支持义庄，"以余俸买田苏州，号义庄，以聚族属，而（他自己却）敛无新衣，友人筹资以奉葬，诸孤无所处，官为假屋韩城以居之。"他的后代也继承了这一传统，如次子范纯仁，官至宰相，"自为布衣至宰相，所得俸赐，皆以广义庄。"其后历代子孙相沿，不论官居何位，俸禄多赡补义庄，所以范氏义庄虽曾因战乱或其他原因式微一时，但终于沿续下来，并比以前更加壮大。二是从范仲淹开始便注意对族人的文化教育，提高族人的素质，所以"范氏自文正之后，世有贤者，故义庄之设，历久不废。"此外，族人中除个别不肖子孙之外，多数以范氏子孙、礼义之家自诩，因而治家者多，败家者少。三是义庄规矩较切合实际，范仲淹的初定规矩已经很严密具体，此后子孙又各根据当时情况补充完善，制度就更加严谨，这无疑对范氏义庄的存在与发展起了重要的保障作用。

陈希亮怜孤恤贫

陈希亮，北宋人，进士出身，曾任鄠县令、宿州知府及开封府判官等职，官至太常少卿。在他从政的 30 多年中，忠于职守，肯于为百姓办实事，如严惩贪官污吏，打击地痞无赖，搜捕盗贼，开仓赈民，架设汴河飞桥，强令觋师巫婆回乡务农等等。由于正直挚诚，路有颂声，因而在每次任满离境时，父老们都洒泪相送。

陈希亮在处理家事方面，品德高尚，为人称道。他父母死得早，依靠哥哥为生。哥哥是个性情偏狭的人，存心侵吞全部家产。在他十六岁时，他决定外出寻师，专攻学问。哥哥霸占了田园房产，只将乡邻们的借款账单共三十万钱给了他。他呢？把那些借债的人都找来，当面将账单全部烧掉，然后背起书箧行囊，不远千里去寻师访友。结果，捷报传来，金榜挂名，陈希亮进士及第。

这时候，哥哥年事已高，身体很差，两个侄儿陈庸、陈谕尚未成人。陈希亮不计前嫌，服侍兄长，教养侄儿。后来，两个侄儿也高中进士。乡亲们感戴他的为人，亲切地称他的家门为"三俊"。

陈希亮在出外游学时，曾与同乡人宋辅一起去寻师访友。后来，当他在都城开封为京东、京西转运使时，宋辅也到京城做了小官。可是，事隔不久，宋辅染病身亡，老母、孀妇和幼子宋端平失去了依靠，全家日悲夜啼，生活艰辛。陈希亮寻思无计，决定承担起宋家的义务，把宋母她们接到自己家中。他对宋母十分孝敬，一早一晚都行问安礼，还将自己的女儿许配给宋端平，要他努力攻读诗书。就这样，宋辅一家老小，在陈希亮的关怀照顾下，过上了无忧无虑的生活。

然而，由于陈希亮薪俸不多，清廉自守，他本人又有四个儿子，再加上两个侄儿，家庭经济已是十分拮据，如今又添了宋母全家，负担之重自不待言了。尽管如此，他宁愿缩减自己的儿女们衣食，节约家庭的不必要开支，要把两个侄儿和邻里之子抚养成人。他除亲自教

崔子忠《伏生授经图》

习他们讽诵诗书外，又与自己的儿子等同对待，让他们都有出外寻师访友的机会。于是，继陈庸、陈谕两个侄儿之后，宋端平也是进士及第。当陈希亮搀扶着宋母出堂接取捷报时，来人们都以为宋母是他的生身母亲呢！

由于陈希亮以身作则，教育有方，儿子们个个也很有出息，长子官至度支郎中，次子为滑州推官，三子是大理寺丞，四子虽然从未出仕，但他轻财好义，乐于助人，还是当时一代文豪苏东坡的挚友哩。

陈希亮终年 64 岁。当他辞世的恶耗传来时，亲戚诸朋莫不潸然泪下，捶胸顿足。

杜环行善奉母孝

明朝初年的南京城中，有一位以重义敬老而闻名的读书人，名叫杜环。

杜环，江西庐陵人。因为父亲杜一元出仕为官，全家迁到南京居住。杜一元以重友乐善好施而闻名，所交多四方名士。杜环自幼受父亲训导，好学知礼，重信誉，好周人之急，颇有父风。

杜一元去世后，杜环仍居南京鹭洲坊，时逢元末战乱之后，杜环家居不出，过着清贫的日子。

这一天，正逢阴雨天气，杜环与朋友对坐谈天，门外却来了一位衣衫褴褛的老妇人。望着这个被雨水淋湿疲惫不堪的老人，杜环不觉有些吃惊，仔细看去，又仿佛有些相识，于是试着问道："母非常夫人邪？何为而至于此？"

听到杜环问话，老人忍不住落泪而泣。她果然正是杜环父亲杜一元故友兵部主事常允恭的母亲张氏。张氏究竟如何落到这地步呢？说起来话长了。

当初，张氏随儿子常允恭住在九江，不幸常允恭人死家破，丢下张氏孤零零一个年过六十的老人，举目无亲，不知所归，只得坐在城下哭泣。有认识常允恭的人，可怜张氏年老无靠，劝她说："今安庆守谭敬先非允恭友乎？盍往依之。彼见母，念允恭故，必不遗弃。"张氏按照指点来到安庆，找到谭敬先，谁知谭某丝毫不念旧友之情，不肯收留张氏，这一来，张氏就更加处境狼狈了。她想到当初儿子常允恭曾在南京为官，说不定还有朋友在那里，于是又随着人辗转来到南京，打听了几个故旧，都已不在，又打听杜一元的家，才知道一元也已故去，只有其子杜环尚在，家住鹭洲坊，这才一路乞讨，找上门来。

张氏边说边哭，杜环听了，也忍不住落下泪来，当即将老人扶到正坐上，伏行拜见长辈之礼，又将妻子马氏呼来拜见。马氏见老人衣衫破烂淋湿，连忙解下自己的衣服，给老人换下湿衣，接着便烧火做饭，待老人吃饱后，又亲手铺好床被，服侍老人睡下。张氏问起过去那些亲朋好友的情况，又打听自己小儿子常伯章的下落，杜环知道那些故交均已不在，又不知道常伯章死活去向，只是安慰她说道："天方雨，雨止为母访之。即无人事母，环虽贫，独不能奉母乎！"

当时正值元末战乱之后，民多贫饥。张氏看到杜环家中穷困，不愿意添累于他，等到雨停之后，坚持要辞行去找寻其他故交。杜环劝阻不住，只好答应了，但又不放心，便命侍女随着张氏一起去访寻。果然，直到天黑，一个也没找到，只好又回来。杜环见此情形，便将老人收留下来。

杜环到市上为老人买来布帛，让妻子马氏为老人缝制起衣服。把张氏当作自己长辈一样供养起来。有杜环带头，妻子侍婢也都敬奉张氏。

张氏年老又连遭磨难，性情难免有些古怪，有时事稍不如意，就发脾气。有些家人心里不痛快，杜环就私下告诫他们说"顺其所为，毋以困故轻之"。张氏偶病，杜环便亲手给她煮药，送上碗筷时，从不敢粗声大气。

光阴似箭，转眼张氏在杜环家中已住了十年。杜环任官太常寺赞礼郎，有一次奉诏前往会稽（今浙江绍兴）。回来时途经嘉兴，遇上了张氏的小儿子常伯章。想到老人念子心切，如今得见幼子不知将会怎样高兴，忍不住落下泪来，说道："太夫人在环家，日夜念少子成疾，不可不往见。"谁知常伯章听了意无所动，只是说："吾亦知之，弟道远不能至耳。"

半年以后，正值杜环生日那天，常伯章来到家中，老母少子相见，忍不住抱头痛哭一场。杜环家人认为主人生日时大哭不祥，想上前劝止，杜环却说道："此人情也，何不祥之有？"

常伯章本有接走母亲的心思，但是嫌其年老，恐不能行，就借故而去，没有再回来。从此张氏更加思子成疾，虽有杜环百般照顾，还是于三年后去世。临终前，老人举手对杜环说道："吾累杜君，吾累杜君！愿杜君生子孙咸如杜君。"说罢瞑目而终，杜环将老人安葬到效外，每逢年节祭祀不绝。

李三养母抚兄子

江苏宜兴有个叫李三的人，他身患残疾，又遭二位兄长欺负，却能竭尽全力赡养老母，并在兄长去世之后，不计较往日恩怨，承担起抚养亡兄之子的责任，因而得到了人们的称赞。

李三是个残疾人，一只眼睛，一条腿跛。由于身患残疾，因此，他从小在家中的地位就很低。尽管父母对他还算疼爱，而他的两个哥哥却经常欺侮他，苦活儿、累活儿让他干，好事却轮不上他。特别是父亲去世之后，李三就更低二位兄长一等。李家的全部财产是六亩农田、四间房子、一条小船。母亲为兄弟三人分家的时候，两位哥哥硬是以已娶妻生子，而李三尚未娶妻为由，大哥要走了六亩农田，二哥要走了四间房，只剩下一条小船分给李三。对此，李三毫无怨言。

分家之后，遇到的第一个问题就是如何来赡养老母。两位兄长提出，兄弟三人，不论贫富，轮流赡养，李三也答应了。平时，他尽量省吃俭用，凡轮到他养母之时，他便尽心照料，每顿饭都让母亲吃上肉。每当母亲离开他家，到二位兄长家时，李三总要悄悄地让母亲带些好吃的东西走。

几年后，李三的两个哥哥先后去世，大嫂也去世，而二嫂又改嫁他人。于是，李三独自承担起赡养老母的义务。

每天早晨，李三侍奉老母吃过早饭，又照顾好侄子们之后，便撑着他的那条小船去运送客人。李三每天运客都要计算往返的时间，他绝不图多挣钱而耽误晚上回家照顾老母。他每日行船，最多不超过五十里。有几次，客人提出要到较远的地方去，并许诺多给酬金。但是，李三为了能及时返家照顾老母，"虽重雇不之许"。就这样，无论刮风下雨，李三没有一天让母亲为他着急。

在赡养老母的同时，李三还承担起了养育两位亡兄之子的责任。在生活上，他对侄子们的照顾可谓无微不至。然而在教育他们如何做正直的人方面却非常严厉，他经常因为侄子们做错了事而发怒，严加训斥，直到侄子们低头认错为止。李三的母亲对李三的做法非常理解，她知道李三是为侄子们好。她临终之前，特意把孙子们叫到床前，拉着孙子们的手，流着眼泪说："儿学好，毋累汝叔怒！"李三在一旁听了母亲临终前的话，思之再三，深深反省。从此之后，他再也不对侄子们发火了，不论侄子们做错什么事，他都注意耐心教育，循循善诱，侄子们对李三也十分敬仰。

陶渊明写诗教子

陶渊明，中国东晋著名诗人，小时候家境贫困，但他努力研讨儒家经典，29岁起担任江州祭酒，后辞官隐居，过着清贫的生活。

陶渊明希望子女将来能够成为一个很有出息的人，他给长子取名为俨，字之思，就是希望儿子像孔子的后代子俭（字子思）那样继承家学。他常常写诗文教子。陶渊明曾写了一首《责子》诗：

> 白发彼两鬓，肌肤不复实。
>
> 虽有五男儿，总不好纸笔。
>
> 阿舒已二八，懒惰故无匹。
>
> 阿宣行志学，而不爱文术。
>
> 雍端年十三，不识六与七。
>
> 通子重九龄，但觅梨与粟。
>
> 天运苟如此，且进杯中物。

这首诗反映了陶渊明既爱自己的儿子，又恨铁不成钢他通过这首诗，用通俗的语言，幽默的笔调，对孩子逐一地进行评议，严肃而慈爱地指出他们的缺点，希望他们勤奋学习，而不要懒惰贪玩，字里行间流露出父亲对儿子的谆谆教导和殷切希望。陶渊明虽然在诗中说到天运，但他已认识到儿子的迟钝是自己早年饮食无度使他们先天不足的缘故，并非命运的不公。但是他也并不因此而失去教育儿子的信心他又写有《与子俨等疏》。他说："人生必有一死，任何人都无法逃脱，我已经年过半百，回顾小时候，家里贫困，只好到处游荡，自己由于生性刚烈，所以与权势不合，辞官隐居，使你们生活得不好，我对不起你们。我一辈子读了不少书，现在年老体衰，恐怕寿命不长了，你们兄弟五人，虽非一母所生，但四海皆兄弟，更何况你们呢？希望你们要向古人学习，学习鲍叔牙和管仲情如手足，分财无猜；学习汉名士韩元长，与弟同居，直至八十，你们兄弟之间要团结友爱，这样做，我才能放心。

陶渊明就是这样时刻不忘父亲的教育职责，坚持对子女的教育，决不放弃，尽了自己应尽的责任。

第五篇　为政卷

咀嚼菜根

天下之事　简略非久

【原文】　天下之患，莫大于不可为，亦莫大于可为而不虑其所终。不计其所成，简略而始之，利未见而害随踵矣。天下之事，非简略之所能久也。以简略而成，必以简略而败。古之圣人创制立法，为万世帝王程式，必周详而不敢轻、谨密而不敢忽者，非为其始之不足以成，而忧夫终之易败也；非为其始之不足以得，而忧夫终之易失也；非为其始之不足以合，而忧夫终之易散也。天下之事，如是足以成矣。如是足以得矣，如是足以合矣；而必曰未也，又从而节文之，纪纲委曲而为之表饰。是以至于今而不废。及其后世，求速成之功，而倦于持久。故其欲成也，止于足以成；欲得也，止于足以得；欲合也，止于足以合。其始不详，其终不胜其弊。

【译文】　天下的忧患所在，没有比不能做而硬要去做再大的了，也没有比可以去做而不去考虑它的后果再大的了。不考虑它的成功因素，简简单单地开始，还没有见到一点好处，祸患却随之而至。天下的事情，并非草率简单地行事就能持久的。由草率简略的方式取得成功，也一定因草率简略的方式而导致失败。古代圣人创建制度和法律，作为后来世代帝王统治天下的规程、法式，一定周详而不敢轻率、谨严缜密而不敢粗心大意的原因所在，不是因为在开始的时候不能取得成功，而担心那后来容易失败；不是因为在开始的时候不能有所收获，而担心那后来容易失误；不是因为开始的时候不能团结人心，而担心那后来容易失去人心。天下的事情，这样就能取得成功，这样就能有所收获，这样就能固结人心；而古人定要说还没有达到预期的目的，又从而对制度法令加以调整润色。法度已委曲详尽，却还要加以修饰。因此古代的制度法令到了今天还没有废弃。到了后世，统治者只求尽快取得成功，而缺乏长期作战的精神。所以他们想要取得成功，而仅仅满足于取得成功；想要有所收获，而仅仅满足于有所收获；想要团结人心，而仅仅满足于团结人心。开始制度法令不详密，到后来，弊病会越来越多。

持天下具　莫详于周

【原文】　呜呼！有以文、武、周公之所以造周者告之乎？三代令主维持天下之具，莫详于周。吾尝求其制度规模矣。凡纪之《书》、歌于《诗》，纤悉曲具。列之于《周礼》，所谓礼乐之本、教化之端、桑农之政、任用之机，以至刑禁之条目、财货之源流，班班可考者，皆其维持天下之具也。夫文、武、周公岂不能略为之法、简为之制，优游客与于闿端创始之初，而乃汲汲若是耶！天下之势，其成之也有基，其立之也有本。惟其栽培封殖之既固，则枝叶未易以委枯。惟其疏浚堤防之尽力，则流派未易以溃裂。万世子孙有所凭借扶持而不至于陵迟大坏者，皆出于此。

【译文】　唉！有人能把周文王、周武王和周公创建周朝的原因讲给人们吗？夏、商、周三代贤明君主维持天下统治的制度法规，没有比周代再完善的了。我曾探索周代的制度法规。凡是《尚书》记载的、《诗经》歌咏的，细微详尽而曲折具体。在《周礼》中记载的，所谓礼乐的根本、教化的端绪、农桑的政务、任贤的关键，以至刑法禁令的条目、财货的源流，明白可考的，全是周代统治者用来维持天下统治的制度法规。周文王、周武王和周公难道不能简化制度法规，在建国之初贪图悠闲安逸吗？却如此迫切地创建制度法规！天下的形势，它的形成须有一定的基础，它标新立异须有一定的根本。树木只有栽培得根深蒂固，它的枝叶就不容易枯萎凋落。江河只有尽力疏通水道并加固堤防，它的支流才不至于泛滥。世世代代的后世子孙在立身行事方面有所借鉴、对国家有所帮助而不至于使国家衰落败坏的原因，都出自周代的制度法规。

于子孙计　愧于三代

【原文】　若夫汉高帝之宽仁，足以扫秦之禁网，信义足以胜楚之威力。其资美矣，独于万世子孙之计有愧于三代。是岂非苟为之心入之？而闿端之初，遂至于简且略耶！（礼［乐］由天作，（乐）［礼］以地制。先王以是而穷一性之源本、陶万汇之中和，又岂可轻为而轻视？帝乃甘于亡秦卑陋之习，俯首于叔孙绵蕞之仪，至有"度吾能行"之语。吁！贬道从己，一至于此。稽之《王制》，宁有不愧！惟高帝创法立制之原，每每如此。是以继世之君，如文帝之贤，宜可与语王道也；然闻释之之奏，乃甘心于秦汉之卑论。观贾生之策，而未遑于礼乐之大典。如宣帝之贤，宜可与语王道也；然有汉家之制，而安于杂霸，不法先王之统，而敢于持刑。岂非高帝之规模不远、苟略苟成而有以启文、宣之弊欤！

【译文】　至于汉高祖的宽厚仁慈，足以除掉秦朝的严苛法令、信义足以战胜西楚霸王的威力。他个人的天赋是完美的，唯独替后世子孙着想方面有愧于夏、商、周三代的贤明君主。这难道不是草率从事的思想在支配自己，因而在立国之初就没有比较完备的制度法规吗？礼乐是取法于天地而制作的。先王用此来探寻仁义之性的本源、培养万物的中正和谐之气，又怎能草率从事并轻视它呢？汉高祖竟然满足于已经灭亡的秦国那种卑陋的礼俗，赞赏叔孙通用绳索和芳草来演习朝会的礼仪，以至于有"考虑我能做到的去设计"

赵葵《杜甫诗意图》（局部）

的话。唉！贬低仁义之道并使之屈从自己，竟到了这种地步。用《礼记·王制》篇的思想来审视自己，难道他还不觉得惭愧吗？汉高祖创立法律的实际情形，常常是这样。因此后来即位的君主，如汉文帝这样贤明的君主，应该和他谈论用仁义之道治国的问题；然而他听到张释之的奏疏后，竟满足于有关秦汉之际政治得失的卑陋之论。纵观贾谊上给汉文帝的治国安邦之策，竟来不及深入探讨治国安邦的大法——礼乐。像汉宣帝这样贤明的君主，应该和他谈论用仁义之道治国的问题；然而他认为汉朝有汉朝的制度，并且安于王道和霸道相互结合的政治环境，不效法周代先王用仁义治国的传统，却敢于用刑名之术治国。这难道不是汉高祖在治国方面缺乏长远规划、草率地行事和轻易地取得成功而开启了汉文帝、汉宣帝的弊端吗？

讲求实际　令今可行

【原文】　昔叔孙通与弟子共起朝仪，高帝曰："得无难乎！"通曰："臣愿颇采古礼，与秦仪杂就之。"上曰："可试为之，令易知，度吾所能行为之。"张释之补谒者。既朝毕，因前言便宜事。文帝曰："卑之！无甚高论。令今可行也。"于是释之言秦汉之间事，文帝称善。

【译文】　西汉时，叔孙通和弟子们共同制定朝会的礼仪。汉高祖说："不是很难的吧！"叔孙通回答说："我想略微采用古代礼制，与秦朝的礼仪结合起来制订它。"高祖说："可以试着办，要使人们易于了解，估计我能做到的去制订它。"文帝时，有人举荐张释之补谒者官职的空缺。张释之朝见完毕，借此机会向文帝陈述便国利民的事。文帝说："讲的实际些，不要高谈阔论，要使当前可以实行的。"于是张释之谈到秦汉之际的事情，受到了文帝的称赞。

善陶者贵　不善者廉

【原文】　昔有善陶者，直必百金也。尝苦其难售，然其器终生而不隳。

邻之陶者，直才数金，人之市者踵至；然朝用而夕随倾之，不能终以岁月。是孰为之取舍哉？

【译文】　以前有善于制作陶器的人，他制作的陶器，价值定值百金。他曾为陶器难以销售而苦恼，然而他制作的陶器终生使用也不破裂。他的邻居制作的陶器，价格仅值几金，购买者相继而至；然而这种陶器早晨使用晚上就破碎了，连一年的时间都过不去。这谁能为他们决断呢？

政令适时　则百姓一

【原文】　政令时，则百姓一，贤良服。

【译文】　政令适时，那么百姓就会行动一致，贤良之士也都敬服。

当时则动　物至而应

【原文】　当时则动，物至而应，事起而辨。

【译文】　抓住时机及时行动，事物来了就立刻去对付，情况发生了就马上去处理。意谓反应要敏捷，决断要及时。

事后而虑　则事不举

【原文】　事至而后虑者谓之后，后则事不举；患至而后虑者谓之困，困则祸不可御。

【译文】　事情已经发生了才考虑就叫做被动，被动则事情就不会成功；灾祸已经到了才考虑就叫做困窘，困窘则无法抵御灾祸。强调做事要掌握主动权才能成功。

举事因时　人事不广

【原文】　智者之举事必因时，时不可必成，其人事则不广。

【译文】　明智的人做事情一定要依靠时机，时机不一定能得到，但人为的努力却不可废弃。

天不再与　时不久留

【原文】　天下再与，时不久留，能不两工，事在当之。

【译文】　上天不会给两次机会，时机不会长久停留，人的才能不会在做事时两方面同时达到完美，事情的成功在于适逢其时。意思是，机不可失，失不再来，要当机立断，应时而作。

简选精良　兵械铦利

【原文】　简选精良，兵械铦利，发之则不时，纵之则不当，与恶卒无择。

【译文】　虽有认真选拔、装备精良的军队，但发动他们不合时机，使用他们总是不得当，这样的军队同劣等军队没有什么分别。

捷先之道　在知缓急

【原文】　凡兵，欲急疾捷先。欲急疾捷先之道，在于知缓徐迟后而急疾捷先之分也。

【译文】　凡用兵打仗，应该行动迅速，先发制人。要想行动迅速，先发制人，方法在于明辨迟缓、落后与迅速、抢先的区别。

先发制人　后发被制

【原文】　先发制人，后发制于人。

【译文】　首先发动进攻，就可以制服对方；后于别人发动进攻，就会被别人所制服。

功者难成　时者易失

【原文】　功者，难成而易败；时者，难得而易失也。时乎时，不再来。

【译文】　功业难于成功却容易失败，时机难于得到却容易丧失。时机啊时机，失去了就不会再来了。

天与弗取　反受其咎

【原文】　天与弗取，反受其咎；时至不行，反受其殃。

【译文】　上天赐与的东西不接受，反而会受到惩罚；时机到了不行动，反而会遭受灾祸。

智不信时　明不弃利

【原文】　智者不倍时而弃利。

【译文】　明智的人不会违背时机而放弃对事业有利的条件。

不应事机　是谓非智

【原文】　事机作而不能应，非智也；势机动而不能制，非贤也；情机发而不能行，非勇也。善将者，必因机而立胜。

【译文】　事情成功的机会到了却不能把握它，是不明智的表现；形势所提供的机会而不能掌握，是不贤能的表现；在人心向我，可以采取行动时而不行动，是不勇敢的表现。善于用兵打仗的人，一定要充分利用有利时机去取得胜利。

龚贤《松林书屋图》

料知敌情　在于敏思

【原文】　料敌在心，察机在目。

【译文】　熟知敌情，判断正确，取决于指挥员的敏锐思考；而决策及时不失良机，则取决于指挥员见识的运用。

时机易逝　重在迅速

【原文】　时来易人，赴机在速。

【译文】　时机一出现是很容易瞬息即逝去的，利用机会的关键在于迅速的抓住它。

坐昧先兆　必贻后诛

【原文】　坐昧先几之兆，必贻后至之诛。

【译文】　认不清形势，白白地错过预示胜利的机会，一定会受到随后而来的惩罚。

见利不失　遭时不疑

【原文】　见利不失，遭时不疑。失利涉时，反受其害。

【译文】　看到有利的条件就不能失去，碰到好的机会就不能迟疑。失掉有利条件，错过大好时机，就会反受其害。

凡修政教　当修适时

【原文】　凡修政教，当修之于可修之时，若事变一起，而后悔之，则无益也。

【译文】　凡是想要整治政治和教化，应该在可以整治的时候整治；不然事情一旦有了变化无法整治时，再后悔也没有用了。

道在难见　事在难闻

【原文】　道在不可见，事在不可闻，胜在不可知。

【译文】　用兵之道的神妙在于众人都看不见，谋划事情的奥妙在于众人都听不见，出奇制胜的诀窍在于众人都不知道。

用贵玄默　动贵不意

【原文】　用莫大于玄默，动莫大于不意，谋莫善于不识。

【译文】　用兵上最要紧的莫过于神秘无言，行动上最要紧的莫过于出其不意，谋划时最要紧的莫过于使人捉摸不透。

攻贵无行　出贵不意

【原文】　攻其无备，出其不意。

【译文】　在敌人没有准备时发起攻击，行动出于敌人的意料之外。

善出奇者　广如天地

【原文】　善出奇得，无穷如天地，不竭如江河。

【译文】　善于出奇制胜的人，其战略战术就像天和地一样善于变化，就像奔流不息的江河一样无穷无尽。

将欲歙之　必固张之

【原文】　将欲歙之，必固张之；将欲弱之，必固强之；将欲废之，必固兴之；将欲夺之，必固与之。

【译文】　将要收敛它，必须暂且扩张它；将要削弱它，必须暂且增强它；将要废弃它，必须暂且兴起它；将要夺取它，必须暂且给予它。说明要达到目的，有时必须采取"欲擒故纵"的策略。

无备不虞　不宜出师

【原文】　不备不虞，不可以师。

【译文】　不预备意外，就不能出师作战。

治宜多变　政宜少变

【原文】　主贵多变，国贵少变。

【译文】　统治者的谋略贵在多变化，国家政局贵在少变动。

屡遇变故　应变不穷

【原文】　并遇变态而不穷。

【译文】　接连遇到变化的情况仍能从容应付。强调要有应变能力。

有道以统　足以化矣

【原文】　有道以统之，法虽少，足以化矣；无道以行之，法虽众，足以乱矣。

【译文】　有正确的思想原则来统率指导，法律数量虽少，但足以使人民得到教化；没有正确思想指导，法律虽然很多，但足以使社会混乱。

展子虔《游春图》（局部）

刑靡定法　律无定条

【原文】　刑靡定法，律无定条，徽无妄施，手足安措。

【译文】　实施刑罚没有稳定的法律，法律没有适当的条款，任意拘捕和关押人，让老百姓把手脚放在何处？

诏令格式　若不常定

【原文】　诏令格式，若不常定，则人心多惑，奸诈益生。《周易》称"涣汗其大号"，言发号施令，若汗出于体，一出而不复也。

【译文】　法令制度的条文如果不能保持稳定，人们就会无所适从，坏人就会钻空子。《周易》上说："涣汗其大号"，就是说发号施令就像身体出汗一样，一旦出去。

大有天下　小有一国

【原文】　大有天下，小有一国，必自为之然后可，则劳苦耗顿莫甚焉；如是，则虽藏获不肯与天子易执业。以是县天下，一四海，何故必自为之；为之者，役夫之道也。

【译文】　大到治理整个天下，小到治理一个诸侯国，非要每一件事都由自己去做，那就没有比这更劳苦憔悴的了。如果是这样，那么即使是奴婢也不愿和君主互换位置。所以，治理天下，统一四海，何必每一件事都亲自做？什么事都亲自做，那是服劳役的人应该做的。

知者之知　固以多矣

【原文】　智者之知，固以多矣，有以守少，能无察乎！愚者之知，固以少矣，有以守多，能无狂乎！

【译文】　聪明的人本来知识很多，但他却只掌握治国的关键，管的事很少，这能不明察吗！愚蠢的人知识本来很少，但却整天忙于处理很多具体的事，掌握不住关键，这能不乱吗！

事事自谋　人莫若己

【原文】　自为谋而莫己若者亡。

【译文】　如果事事都自己谋划，而认为别的人不如自己的，国家就要灭亡。

力不敌众　智不尽物

【原文】　力不敌众，智不尽物。与其用一人，不如用一国。

【译文】　（领导者）一个人的力气，抵不过众人的力量；一个人的智慧，不能通晓一切事物。与其用一个人的智能，不如依靠全国的人才。

好暴示能　好唱自奋

【原文】　人主以好暴示能，以好唱自奋，人臣以不争持位，以听从取容，是君代有司为有司也。

【译文】　君主以好炫耀显示自己的才能，以好做先导来自夸，臣子就会以不劝谏君主来保持官职，以曲意听从来求得容身，这就是君主代替主管官吏当主管管吏。

以智强智　以能强能

【原文】　以其智强智，以其能强能，以其为强为，此处人臣之职也。处人臣之职，而欲无壅塞，虽舜不能为。

【译文】　（糊涂的君主）硬凭着自己有限的智慧逞聪明，硬凭自己有限的才能逞能干，硬凭自己的限的作为做事情，这是使自己处于人臣的位置上了。使自己处于人臣的位置上，又不想耳目闭塞，就连舜也办不到。

不知乘物　而自怙恃

【原文】　不知乘物，而自怙恃，夺其智能，多其教诏，而好自以，若此则百官恫扰。

【译文】　不懂得利用别人和物，而只知道仗恃自己的能力，夸耀自己的才智，教令下得很多，好凭自己的意图行事，这样，各级官吏就会恐惧纷扰。

博于从辞　观于众物

【原文】　博于众辞，观于众物，说不急之言而以惑后进者，君子之所甚恶也。

【译文】　对于各种学说和知识都广泛涉猎，对各种大小事物都仔细观察，经常就一些不重要不急迫的事情发表指示，以显示自己的才能，迷惑那些水平不高的人，这是君子极为反对的做法。意即反对领导者事无巨细不抓大事。

百羊而群　童子随之

【原文】　百羊而群，使五尺童子荷菙而随之，欲东而东，欲西可西，使尧牵一羊，舜荷菙而随之，则不能前矣。

【译文】　百来只羊一大群，让五尺高的孩童提着鞭子跟在后面，要它们向东就向东，要他们朝西就朝西。如果让尧牵一只羊走在前面，让舜提着鞭子跟在后面，那就一步也走不了啦。说明人各有分工，领导者不应做，也做不好下级的事情。

位高事简　教民不苛

【原文】　位高者事不可以烦，民众者教不可以苛。夫事碎难治也，法烦难行也。

【译文】　职位高的领导者，他的工作不应该太繁琐具体；老百姓多的国家，对民众的教管不要过于严苛。高层领导事务过于琐碎就难以把国家治理好，法令过于烦苛就难以施行。

元首丛脞　股肱惰哉

【原文】　元首丛脞哉，股肱惰哉，万事堕哉

【译文】　领袖只抓琐碎小事，下属和助手就跟着怠惰，因此所有的事都要荒废。

不自见明　不自是彰

【原文】　不自见故明，不自是故彰。

【译文】　不专靠自己的眼睛，所以不看得分明；不自以为是，所以才是非昭彰。

一君赡下　不赡之道

【原文】　若使君之智最贤，以一君而尽赡下则劳，劳则有倦，倦则衰，衰则复返于不赡之道也。

【译文】　即使君主的智能是最聪慧的，以君主一个人的智慧来应付全部臣下就太辛劳，辛劳就会疲倦，疲倦就会衰弱，衰弱就会重新回到平常人智慧不够用的道路上去。

自治其事　易致昏愦

【原文】　尽自治其事则事多，多昏则，昏则缓急俱值，不许，则余力自失，见所不善而罚。

【译文】　事事都自己处理则事务繁多，事多则昏愦，昏愦则无论事之缓急都被搁置了，如不觉悟，则余力将全部消耗，见到不善之事，只有滥施刑罚而已。

有道之君　正德莅民

【原文】　有道之君，正其德以莅民，而不言智能聪明。智能聪明者，下之职也；所以用智能聪明者，上之道也。

【译文】　懂得为君之道的君主，总是端正自己的道德来领导人民，而不是卖弄自己的智能和聪明。表现智能和聪明的，应当是臣下的职能；如何去使用臣下的智能聪明，才属于为君之道。

不言之言　无为之事

【原文】　必知不言之言，无为之事，然后知道之纪。

【译文】　必须清楚什么是不该由自己去说的话，什么是不用自己亲自去做的事，然后才懂得治国之道的要领。

自治其国　劳而招祸

【原文】　独任之国，劳而多祸。

【译文】　靠君主一个人来治理国家，必定自身劳累而遭祸患。

圣人非通　知物之要

【原文】　圣人非能通，知万物之要也。故其治国，举要以致万物，故寡教而多功。

【译文】　圣人并不是能够通晓一切事物，而是能掌握万事万物的纲要。因此，他治理国家的办法，是抓住纲要来掌握一切事物，所以在教化上不费多少力气而功效却很大。

圣人明君　察要而已

柯九思《清闷阁墨竹图》

【原文】　圣人明君者，非能尽其万物也，知万物之要也。故其治国也，察要而已矣。

【译文】　圣人和明君并非对万事都懂，只是知道万事的要领。他们治国，仅仅是掌握要领而已。

亲自治详　未有不乱

【原文】　亲自贯日而治详，一日而曲辨之，虑与臣下争小察而綦偏能，自古及今，未有如此而不乱者也。

【译文】　君主从早到晚处理各种具体事情，一天之内就想把各种事情都办完，他总想在一些小的问题上与臣下比精明，极力追求某一方面的才能（却忽略了全局的大事），从古到今，从来没有这样做而不混乱的。

倍时任己　弃数用虑

【原文】　君好智则倍时而任己，弃数而用虑，天下之物博而智浅，以浅澹博，未有能者也。独任其智，失必多矣。

【译文】　君主喜欢耍弄自己的聪明就会违背现实情况而只依靠自己一个人，抛弃正确的策略方法而只用自己的心计。天下的事物是广博的，而个人的智虑毕竟是浅薄的，用浅薄来应付广博，谁也没有这样的能力。只依靠自己的智慧，失误必然很多。

君者无任　而受职任

【原文】　君者固无任，而以职受任。工拙，下也；赏罚，法也；君奚事哉？

【译文】　做君主的人，本来在具体事务方面就没有什么职责，而是要根据臣下的职位委派他们的职责。事情做得好坏，由臣下负责；该赏该罚，由法律规定，君主哪里用得着亲自做事呢？

勤于求贤　逸于得人

【原文】　君人者勤于求贤而逸于得人。

【译文】　君王在物色人才时要辛苦勤奋，而在得到贤人之后就超脱安逸了。

位尊身佚　身大事少

【原文】　位愈尊而身愈佚，身愈大而事愈少。譬次张琴，小弦虽急，大弦必缓。

【译文】　职位愈尊贵，身心就愈安闲；身上担负的职务越大，直接去做的事情就越少。这好比给琴上弦，小弦虽然可以紧一些，但大弦必须松缓。

刻木无为　有为用斧

【原文】　工人无为于刻木，而有为于用斧；主上无为于亲事，而有为于用臣。

【译文】　伐木工人在雕刻木头方面是无所作为的，而在用斧子砍树方面应该大有作为；君主在亲自做事方面可以无所作为，但在使用臣子方面却应大有作为。主张君主的主要责任是用人，而不是亲自做事。

君道知臣　臣道知事

【原文】　君道知臣，臣术知事。

【译文】　作君主的道理，就是了解臣子，作臣子的本事就是熟知具体的事情。

身居上位　德泽被民

【原文】　居上位，流德泽于百姓者，何所劳乎？劳于择贤得其人措上，居天下皆化之焉而已矣。

【译文】　身居上位，使政德恩泽施于百姓的人，他们的辛劳是什么呢？他们的辛劳不过表现在选拔贤能，得到这样的人才就给予合理安置，使天下的人都受到他们的教化影响而已。意谓高明的执政者应把主要精力放在选才用人上。

君功选将　将功理兵

【原文】　君功见于选将，将功见于理兵。

【译文】　君主的功绩表现在挑选将帅上面，将帅的功绩表现在治理军队上面。

有功则赏　有罪则罚

【原文】　苟慎选天下贤才而委任之，有功则赏，有罪则刑，选用以公，赏刑以信，则谁不尽力，何求不获哉。故明主劳於求人，而逸于任人。

【译文】　如能谨慎地选拔天下贤能，进行委任，他们有功即给予奖赏，有罪即给予刑罚，选用人才出以公心，赏罚讲求公平信用，那么有谁不尽心尽力，有什么要求不能达到呢？所以明智的君主把功夫下在选拔人才上，而用起人来则比较超脱。

事有万变　日有万机

【原文】　天下之大，兆民之众，事有万变，日有万机，人君以一身一心而酬酢之，欲言之无失，岂能易哉？

【译文】　面对整个天下，亿万百姓，事有万变，日有万机的复杂情况，以君王一个人、一条心去应付，想要错，难道是容易办到的吗？

天下之权　尽收在上

【原文】　尽天下一切之权收之在上，而万几之广，固非一人所能操也。

【译文】　把天下的一切权力都集中在朝廷，而政事这么多，当然不是一个人所能掌握得了的。

庶狱庶慎　有司是训

【原文】　文王罔攸兼于庶言，庶狱庶慎，惟有司之牧夫是训用违。庶狱庶慎，文王罔敢知于兹。

【译文】　文王不去代替他的官员发布命令，对于处理司法方面的事情，管理臣民的事情，都是根据主管官员牧夫的意见，而决定去取，文王对这些事情是不敢加以不适当的干预的。

勿误庶狱　有司之责

【原文】　其勿误于庶狱，惟有司之牧夫。

【译文】　不要自作主张，去干涉司法方面的事情，应让有关的官员去负责办理。

有道之主　使臣有辔

【原文】　有道之主，其所以使群臣者亦有辔。其辔何如？正名审分，是治之辔已。

【译文】　掌握治国之道的君主，他之所以能役使群臣，是因为他也有"缰绳"。这个"缰绳"是什么呢？辨正百官的名位，察明他们的职分，这就是治理臣子们的"缰绳"。

人主治官　与骥俱走

【原文】　人主好治人官之事，则是与骥俱走也，必多所不

【译文】　君主喜欢处理官吏职权范围内的事，就等于是车夫与千里马一块跑，一定在很多方面都赶不上。

周臣《香山九老图》

以从地者　公作则迟

【原文】　今以众地者，公作则迟，有所匿其力也；分地则速，无所匿迟也。主亦有地，臣主同地，则臣有所匿其邪矣，主无所避其累矣。

【译文】　现在用许多人耕种土地，共同耕作就缓慢，这是因为人们有办法藏匿自己的力气（偷懒）；分开耕作就迅速，这是因为人们无法偷懒，

无法慢腾腾地干活。君主治理国家也像种地一样，臣子和君主职责不清，都干一样的活，臣子就有办法背地里投机取巧，君主就无法避开劳累了。

人君为官　兔化而狗

【原文】　李子曰："非狗则不得兔，兔化而狗，则不为兔。"人君而好为人官，有似于此。其臣蔽之，人时禁之；君自蔽，则莫之敢禁。夫自为人官，自藏之精者也。

【译文】　李悝说："没有狗就不能捕获兔，但兔如果变成了狗，那就无兔可捕了。"君主如果喜欢做臣子该做的事，就与此相似了。臣子蒙蔽君主，别人还能不断加以制止；君主自己蒙蔽自己，那就没有人敢于制止了。君主自己做臣子该做的事，这是最严重的自己蒙蔽自己的行为。

异道则治　同道则乱

【原文】　君臣异道则治，同道则乱，各得其宜，处其当，则上下有以相使也。

【译文】　君主与臣下之间在职责和工作方法上不同，国家才能治理得好；如果相同，国家就乱了。上下级应当各自做好应当做的工作，各自居于自己应当处的位置，这样上下才能协调，发挥好各自的作用。主张上下级之间要职责分明，权限清楚，各处其位，各尽其职。

君不明职　有司无为

【原文】　君人者释所守而与臣下争事，则有司以无为持位，守职者以从君取容，是以人臣藏智而佛用，反以事转任其上矣。

【译文】　做君主的扔下自己职责内的事不干而与臣下抢事干，那么官吏便以碌碌无为来保持职位，尽责守职者也以顺从来求得君主的欢欣。这样，群臣便都把智慧藏起来而不为君主所用，而且反过来把自己份内的事情转嫁给上级。

终日问之　下无所对

【原文】　终日问之，彼不知其所对；终日夺之，彼不知其所出。

【译文】　上级领导整天事无巨细，什么都过问，下级就不知道怎样答对才好；整天侵夺下级的职权，替他们做事，下级就不知道怎么做才好。谓上级不要对下级的工作侵夺干涉太多，以致弄得他们无所适从。

主代臣事　则非主矣

【原文】　主代臣事，则非主矣；臣秉主用，则非臣矣。故各司其任，则上下成得。

【译文】　君主代替臣下做事，就不是君主了；臣下的权力被君主所用，就不是臣下了。所以君臣各司其职，上下都各得其所。

不亲不劳　不侵众官

【原文】　不炫能，不矜名，不亲小劳，不侵众官。日与天下之英才，讨论其大经。犹梓人之善运众工而不伐艺也。

【译文】　不显示自己的才能，不抬高自己的名声，不亲自去干各种琐碎的事务，不侵犯各类官员的权利，每天跟天下杰出的人才一起讨论管理国家的大政方针。这就好像建筑师善于指挥各种工匠而不夸耀自己的手艺一样。

慎乎不睹　惧乎不闻

【原文】　君子戒慎乎其所不睹，恐惧乎其所不闻。莫见乎隐，莫显乎微，故君子慎其独也。

【译文】　君子就是在别人看不到的地方处处谨慎小心，在别人耳朵听不到的地方也常怀畏惧心理而事事注意。要晓得，尽管隐藏得好，没有不被人发现的；尽管极其细微，没有不显露出来的，因此君子在个人独处时十分谨慎。

丰赏厚赐　以致竭藏

【原文】　惠主：丰赏厚赐以竭藏，赦奸纵过以伤法。藏竭则主权衰，法伤则奸民闿。故曰："泰则反败矣。"

【译文】　好施恩惠的君主：赏赐过于丰厚以致使国库枯竭，刑罚过于宽大以致损害国法。国库枯竭则君权衰败，损害国法则奸民高兴。所以说："凡事做过头了反而会失败"。意谓虽然奖赏宜厚，但如果太过，也有害处。

爵禄不荣　则民不急

【原文】　不荣则民不急列位，不显则民不事爵。

【译文】　假若给予的爵禄不荣耀，民众就不不急于得到爵禄；如果给予的爵位不显贵，民众就会追求那些爵位。意思是赏赐的程度要足以使人追求，才能起到激励作用。

为治去法　不几亦明

【原文】　为治而去法令，犹欲无饥而去食也，欲无寒而去衣也，欲东西行也，其不几亦明矣。

【译文】　治理国家而抛弃法令，就好像想不挨饿却不吃饭，想不受冻而不穿衣，想往东去而朝西走一样，这样相去太远是显而易见的。

无法而正　千万之一

【原文】　不待法令绳墨而无不正者，千万之一也。故圣人以千万治天下。

【译文】　不用按照法令准则，而行为就完全正确的人，千万人中只能有一个，而圣人是要根据千万人的情况来治理天下的。说明法治的必要性。

吴镇《双桧平远图》（元）

以法治国　国家强盛

【原文】　以治法者强，以治政者削。

【译文】　用法律来治国，国家就强盛；只靠政令来治国，国家就削弱。

强调法治而反对单凭人治。

刑罚生力　有力则强

【原文】　刑生力，力生强，强生威。

【译文】　刑罚能够产生实力，实力能使国家强盛，国家强盛才有威力。

不恃赏罚　恃民自善

【原文】　不恃赏罚而恃自善之民，明主弗贵也，何则？国法不可失，而所治非一人也。

【译文】　不依靠赏罚而靠百姓的自我完善，贤明的君主不崇尚这种做法，为什么呢？这是因为国法是不可以丧失的，况且所治理的又不是一个人啊！

法之为道　前苦长利

【原文】　法之为道，前苦而长利；仁之为道，偷乐而后穷。

【译文】　以法制为治国的方法，痛苦在前却有长远的好处；以仁爱作为治国的方法，苟且欢乐但以后必然困窘。

家无怒笞　过也立见

【原文】　家无怒笞，则竖子、婴儿之有过也立见；国无刑罚，则百姓之相侵也立见。

【译文】　家中如果没有责打，僮仆、小儿犯过错的事就会立刻出现；

国中如果没有刑罚，百姓互相侵夺的事就会立刻出现。

天下度量　人主准绳

【原文】　法者天下之度量，而人主之准绳也。

【译文】　法律，是衡量天下事物的标准，是君主掌握国家的准绳。

无法亡国　非无君也

【原文】　所谓亡国者，非无君也，无法也。

【译文】　所谓亡国，不是因为没有君主，而是因为没有法律。

绳之以法　断之以刑

【原文】　绳之以法，断之以刑，然后寇止奸禁。故射者因势，治者因法。

【译文】　用法律约束坏人，判刑定罪，这样强盗、坏人就不敢为非作歹。所以射箭靠姿势正确，治理国家靠法律。

法贵有恒　治乱之出

【原文】　法者不可不恒也，存亡治乱之所以出，圣君所以为天下大仪也。

【译文】　法是不可不永远坚持的，它是存亡治乱的根源，是圣明君主用来作为天下最高准则的。

有功不赏　则善不劝

【原文】　有功而不赏，则善不劝；有过而不诛，则恶不惧。

【译文】　有功劳而不奖赏，好人就得不到鼓励；有过错而不惩罚，恶人就不害怕。

善为刑罚　圣人自来

【原文】　善为刑罚则圣人自来，尚贤使能则官府治。

【译文】　正确地使用刑罚，圣人就能主动到你这边来；尊敬贤者，使用能干的人，官府就能治理好。

赏勉罚偷　则民不怠

【原文】　赏勉罚偷，则民不怠。兼听齐明，则天下归之。

【译文】　赏赐勤勉的人，惩罚偷安的人，那么老百姓就不会怠惰了。广泛听取各方面的意见，各种情况就能看得清楚，那么天下的人就能归附他了。

国之安危　百姓治乱

【原文】　国家之安危，百姓之治乱，在君之行赏罚。

【译文】　国家的安全或危亡，百姓的安定或动乱，在于国君能否实行奖赏或惩罚。

有功不赏　有罪不诛

【原文】　有功不赏，有罪不诛，虽唐虞不能以化天下。

【译文】　有功劳不奖赏，有罪恶不惩治，就是唐尧、虞舜也不能教化天下。

明赏不费　明刑不暴

【原文】　明赏不费，明刑不暴，赏罚明则德之至者也。

【译文】　修明赏赐（能激励耕战，从而得多失少）所以耗费并不算多；明正刑罚（使罪刑减少）所以算不上残暴。赏罚严明有德政的最好表现。

赏功罚罪　天下从之

【原文】　罚有罪、赏有功则天下从之矣。

【译文】　惩罚有罪，赏赐有功，天下人就都纷纷跟从了。

赏罚不明　未能治民

【原文】　有功而不能赏，有罪而不能诛，若是而能治民者，未之有也。

【译文】　有功不赏赐，有罪不惩罚，却能治理好人民，这样的事是从来没有的。

见其可也　喜之有征

【原文】　见其可也，喜之有征；见其不可也，恶之有形。赏罚信于其所见，虽其所不见，其敢为之乎。

【译文】　见到人们做好事，喜悦还要有实际奖赏；见到人们做坏事，厌恶并且有具体惩罚。赏善罚恶，对于亲自领受的人确实兑现了，那未亲身经历的人也就不敢胡作非为了。

申之宪令　劝之庆赏

【原文】　申之以宪令，劝之以庆赏，振之以刑罚。

【译文】　用法令进行告诫，用奖赏加以鼓励，用惩罚加以威慑。

号令使下　斧钺畏众

【原文】　非号令无以使下，非斧钺无以畏众，非禄赏无以劝民。

【译文】　没有号令就无法使役臣下，没有刑杀就无法威服民众，没有禄赏就无法鼓励人民。

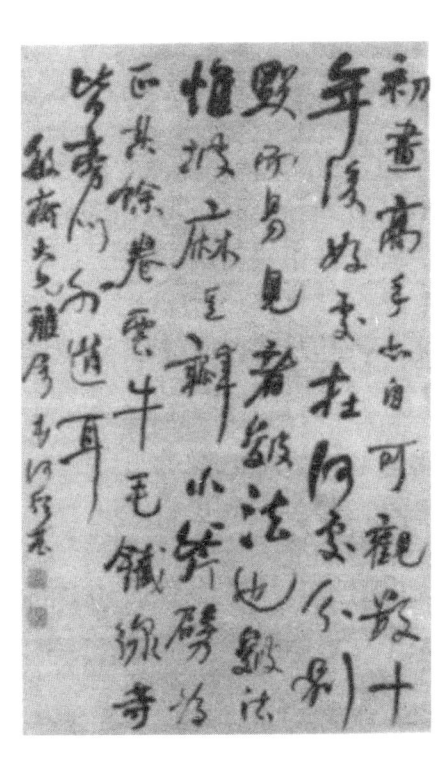

王羲之《何如帖》

曹代萧相　属其后任

【原文】　曹参代萧何为相，属其后相曰："以齐狱［市］为寄，慎勿扰也。"后相者曰："治无大于此者乎?"参曰："不然。夫狱、市者，所以并容也。今若扰，奸人安所容乎?"班超为西域都护，所有代之者问策子超，超戒以不扰。其人以平平笑之。卒如超所料。

【译文】 曹参替代萧何作了汉朝中央政府的丞相，他在离开齐国的相位时，吩咐他的继任说："社会上的好人大都以齐国的狱、市为寄身之所，要谨慎对待，不要搔扰。"他的继任说："治理齐国再没有比这一点更重要的吗?"曹参说："不是这样。狱、市这两个场所，是容纳各种人的。现在如果去搔扰这种场所，奸人在什么地方容身呢?"班超担任西域都护，此后他的继任向他请教治理西域的策略，班趣告诫他不要搔扰下级官吏和百姓。他的继任私下讥笑他的策略平庸无奇。结果他的继任把西域搞得四分五裂，终于像他所预料的那样。

赏罚辅教　其教有常

【原文】 君修赏罚以辅壹教，是以其教有所常而政有成也。

【译文】 国君制定赏罚制度来辅助统一的教化，所以教化就有了常规，政令就有了成效了。

兴国行罚　民利且畏

【原文】 兴国行罚，民利且畏；行赏，民利且爱。

【译文】 兴盛的国家，施行刑罚，民众觉得对自己有利而且畏惧它；施行奖赏，民众也认为对自己有利而且喜爱它。

利出一空　其国无敌

【原文】 利出一空者其国无敌，利出二空者国半利，利出十空者其国不守。

【译文】 利禄出自一个途径，这样的国家就会无敌于天下；利禄出自两个途径，国家只能得到一半利益；利禄出自十个途径，这样的国家就保不住了。主张统治者要通过赏罚，把人们对利禄的追求引导到一个方向，使大家都朝这个方向努力。

庆赏劝善　刑罚惩恶

【原文】 庆赏以劝善，刑罚以惩恶，先王执此之政，坚如金石；行此之令，信如四时；据此之公，无私如天地。

【译文】 实行奖赏以鼓励好事，施行刑罚以惩治坏事，古代君王这样治理朝政，使国家坚如金石；实行这样的法令，使朝廷的信用像四季一样准确可信；遵循这样公正的原则，就像天地对待万物一样没有私情。意谓使用奖罚，实行法治，国家就会大治。

严明赏罚　用众若一

【原文】 明赏罚，虽用众，若使一人也。

【译文】 只要赏罚分明，即使是指挥三军之众，也就像使用一个人一样。强调明确赏罚是使全军步调一致的关键。

执法操柄　据罪制刑

【原文】 执法而操柄，据罪而制刑，按功而设赏。赏一人而千万人悦，刑一罪而千万人惧。

【译文】 执行法律，掌握治国的权柄，根据犯罪情况而制定刑法，按照立功情况而设置奖赏。奖赏一个有功的人而使千万人高兴，惩治一个罪犯而使千万人畏惧。

刑罚当罪　则奸邪止

【原文】　罚当罪，则奸邪止；赏当贤，则臣下劝。

【译文】　惩罚与其罪过相称，那么奸邪就会停止；奖励与其贤能相称，那么臣子们就会受到鼓励。

无德而官　无功而赏

【原文】　无德而官，则官不足以劝有德；无功而赏，则赏不足以劝有功。

【译文】　没有德行却使之做官，那么官职便不会对有德之人起到劝勉作用；没有功劳却予以奖赏，那么奖赏就不能够对有功之人产生激励作用。

赏不当功　不如不赏

【原文】　赏不当功，则不如无赏；罚不当罪，则不如无罚。

【译文】　奖赏如果与功劳不相称，还不如没有奖赏；惩罚如果不与罪行相符，还不如没有惩罚。说明必须赏罚得当。

赏及无功　恩不足劝

【原文】　赏及无功则恩不足劝，罚失有罪则威无所惧。

【译文】　奖赏无功之人，恩泽再厚也不能起到劝勉众人的作用；惩罚时漏掉有罪之人，再有威严也不能使人害怕。

世之治乱　在赏当功

【原文】　世之治乱，在赏当其功，罚当其罪，即无不治。

【译文】　国家的治和乱，在于奖赏符合其功劳，惩罚符合其罪行，做到这点，就没有什么治理不好的了。

无有远迩　用罪伐死

【原文】　无有远迩，用罪伐厥死，用德彰厥善。

【译文】　无论亲疏远近都一律对待，以刑罚惩其罪行，以爵禄赏赐表彰其善行。

虽所憎者　有功必赏

【原文】　所憎者，有功必赏；所爱者，有罪必罚。

【译文】　对于所憎恨的人，假如有功劳一定要奖赏；对于所喜爱的人，假如犯罪也一定加以惩罚。

评论功绩　实行赏罚

【原文】　论功劳，行赏罚，不敢蔽贤有私。

【译文】　评论功绩，实行赏罚，不敢有私心埋没贤才。

宠不增功　疏不忘劳

【原文】　便辟、左右、大族、尊贵、大臣，不得增其功焉。疏远、卑贱、隐不知之人，不忘其劳。故有罪者不怨上，受赏者无贪心。

【译文】　宠臣、侍从、大族、权贵和大臣们，不得凭特权加功。关系远的、地位低的、不知名的，有功也不得埋没。这样，犯罪受刑的人不会抱怨上面，有功受赏的人也不会得寸进尺滋长贪心。

罚避亲贵　不可主兵

【原文】　罚避亲贵，不可使主兵。

【译文】　在掌握刑罚时回避宽宥亲友权贵的人，不可以让他统帅军队。

虽心所爱　无功不赏

【原文】　虽心之所爱而无功者不赏也，虽心之所憎而无罪者弗罚也。

【译文】　虽然是自己心爱的人，但无功也不赏；虽然是自己所憎恶的人，无罪也不罚。

行诛罚罪　不避权贵

【原文】　诛不避贵，赏不遗贱。

【译文】　惩处罪人时不回避权贵，赏赐有功时不遗弃身份低下的人。

禄不私亲　授之多功

【原文】　不以禄私其亲，功多者授之；不以官随其爱，能当者处之。

【译文】　不把爵禄私自赐给亲近的人，而只把它授给功劳多的人；不拿官爵赐给所爱的人，而只把它安排给能胜任的人。

罚不讳强　赏不私亲

【原文】　罚不讳强大，赏不私亲近

【译文】　在实行惩罚时，不避讳和宽宏有势力有地位的人；在实行奖赏时，不偏私与自己新近的人。强调掌权者要公平无私。

不赏私劳　不罚私怨

【原文】　为政者不赏私劳，不罚私怨。

【译文】　执政的人不赏赐对自己有功劳的人，不惩罚对自己有怨仇的人。

奖不遗人　亲不弃功

【原文】　施不失人，亲不弃劳。

【译文】　赏赐时不遗漏该奖励的人，新近人时不遗弃有功劳的人。意谓在奖励和亲近下属时要公正周到，对有贡献的要一视同仁。

赏贤罚暴　勿偏弟兄

【原文】　赏贤、罚暴，勿有亲戚弟兄之所阿。

【译文】　奖赏贤人，惩罚暴恶，勿要有偏袒父母兄弟的现象。

先便请谒　而后功力

【原文】　先便请谒而后功力，则爵行而兵弱矣。

上睿《携琴访友图》

【译文】　把宠臣的请托放在前面，把人们的功劳放在后面，那么，尽管以爵位行赏，而兵力还是虚弱。强调奖赏时要出以公心，不徇私情。

若诚有功　虽疏必赏

【原文】　诚有功，则虽疏贱必赏；诚有过，则虽近爱必诛。

【译文】　确实有功劳，那么即使是疏远卑贱的人也一定要赏赐他；确实有过错，那么即使是亲近喜爱的人也一定惩处他。

赏非爱之　罚非恶之

【原文】 凡赏非以爱之也，罚非以恶之也，用观归也。所归善，虽恶之，赏；所归不善，虽爱之，罚。

【译文】 大凡赏赐一个人，并不是因为喜爱他；处罚一个人，并不是因为憎恶他。赏罚是看一个人的行为会导致什么结果来决定的。导致的结果好，即使憎恶他，也要给予奖赏；导致的结果不好，即使喜爱他，也要给予处罚。

以猫致鼠　以冰致蝇

【原文】 以猫致鼠，以冰致蝇，虽工，不能。以茹鱼去蝇，蝇愈至，不可禁，以致之之道去之也。

【译文】 用猫招引老鼠，用冰招引苍蝇，纵然作法再巧妙，也达不到目的。用臭鱼驱除苍蝇，苍蝇会越来越多，不可禁止，这是由于用招引它的方法去驱除它的缘故。比喻做事不要脱离实际，违背常理，否则会适得其反。

变化应来　而皆有章

【原文】 变化应来而皆有章，因性任物而莫不宜当。

【译文】 万物的变化应和，从来都是有规律的。根据其本性来使用万物，就没有什么不恰当不合适的。

智谋短浅　则不知化

【原文】　智短则不知化，不知化者举自危。

【译文】　智谋短浅的人就不知道事物的变化规律，不知道事物的变化规律，则一举一动都会危害自身。

无逆天数　必顺其时

【原文】　凡举事无逆天数，必顺其时，乃因其类。

【译文】　做各种事情不要违背自然规律，一定要顺应时势，按照各类事物的固有属性去做。

凡立功名　必有其具

【原文】　凡立功名，虽贤，必有其具，然后可成。

【译文】　凡是建立功名，即使贤德，也必定要具备条件，然后方才可以成功。

假以外物　则功可成

【原文】　因则功，专则拙。

【译文】　善于凭借外物，就能成功；凭个人力量，就会失败。

因之自然　六合足均

【原文】　任一人之能，不足以治三亩之宅也；循道理之数，因天地之自然，则六合不足均也。

【译文】　依靠一个人的能力，不足以治理好三亩大的宅院；而遵循客观道理，依照大自然的变化规律行事，那么协调整个天下也是有余的。意谓必须依照客观规律办事，不能只凭个人能力。

知于物浅　其穷不远

【原文】　人知之于物也，浅矣；而欲以照海内，存万方，不因道之数，而专己之能，则其穷不远矣。

【译文】　人对于事物的了解是很肤浅的，依靠它来普照海内，保全四方，不遵循治国之道的客观规律，而只靠自己的能力来专断行事，那么这样的执政者日暮途穷的日子也就不远了。意谓执政者不能靠有限能力治国，必须按客观规律办事。

投隙抵时　应事无方

【原文】　投隙抵时，应事无方，属乎智，智苟不足，使苦博如孔丘，术如吕尚，焉往而不穷哉？

【译文】　迎合时机，行动及时，应付事变，不受拘限，这种能力属于智谋。如果智谋不足，即使你博学多才有如孔夫子，善用兵法有如姜太公，到哪里去而会不碰壁呢？

望时待之　孰与使之

【原文】　望时而待之，孰与应时而使之。

【译文】　盼望天时而消极等待，哪里比得上驾驭时机而利用它！主张发挥主观能动作用，反对无所作为。

人率则从　身光则信

【原文】　人不率则不从，身不先则不信。

【译文】　本人不做表率别人就不会服从；自己不带头先做，别人就不会相信。

家长不正　家亦乱矣

【原文】　人君宣先正其身，亦如治家，家长不正，家亦乱矣。

【译文】　君主应该首先端正自己，这也像管理家庭一样，家长言行不端正，家庭也就乱了。

古之君子　先身后民

【原文】　古之君子，以其所难者，先身而后民；以其所利者，先民而后身。

【译文】　古代的君子，对于难以做到的事情，自己首先做到而后要求于百姓；对于能够得到利益的事情，则把百姓放在前面而自己在后面。

要道之本　正己而已

【原文】　要道之本，正己而已矣。平直真实者，正之主也。

【译文】　总括治国之道最基本的一点，就是端正执政者自己。而公平、正直、真实、诚实、是端正自己的核心内容。

将欲正人　先正己身

【原文】　将欲治人，必先治己。

【译文】　要去治理别人，一定要首先把自己治理好。

治天下者　必本诸身

【原文】　治天下国家，必本诸身。其身不正，而能治天下国家者，无之。

【译文】　治理国家的人，一定把治理自身作为根本。自身不端正，而能把国家治理好，这样的事是不会有的。

王谔《月下吹箫图》

自身不正　何以养人

【原文】　身之不正，何以养人哉？

【译文】　自身行为不端正，怎样去教养别人呢？

散乱于内　必决于外

【原文】　溃于内者，必决于外。

【译文】　内部散乱瓦解，必然导致外部决口。强调整治内部的重要。

自身端正　而天下正

【原文】　身正而天下正。

【译文】　执政者自身端正，天下就能端正。

士人正己　以匡时世

【原文】　士人正己以匡世。

【译文】　做官的人应通过端正自己来匡正时世。

用行教化　亲于言教

【原文】　身教亲于言教。

【译文】　用自身的行动去教育人，比只用言辞去教育人更容易被人所接受。

臣不忠谏　非吾臣也

【原文】　臣不忠谏，非吾臣也；吏不平洁爱人，非吾吏也。

【译文】　为臣不能忠谏君王，就不是我的臣子；官吏不能公正廉洁爱护百姓，就不是我的官吏。

苛刻对上　宽恕对下

【原文】　刻上而饶下。

【译文】　对高级官员要求严格，对基层小官和民众稍多宽恕。

下无政上　从上政下

【原文】　无从下之政上，必从上之政下。

【译文】　无法让下级端正上级，必须由上级做起才能端正下级。

行私无祸　纵欲不穷

【原文】　行私而无祸，纵欲而不穷，则民心奋而不可说也。

【译文】　（如果在上位的人）谋取私利而不受到惩罚，放纵贪欲而毫无节制，那么下面的民众都将群起仿效，互相争夺而不可说服了。

上若多故　则下多诈

【原文】　上多故则下多诈，上多事则下多态，上烦扰则下不定，上多求则下交争。不植之于本，而事之于末，譬犹扬灰而弭尘，抱薪以救火也。

【译文】　上面变故多，下面奸诈就多，上面事情多，下面应付的办法就多；上面总是进行烦扰，下面就不得安宁；上面贪得无厌，下面就相互争夺。不在根本上下功夫，而在末节上做文章，就好比前面扬灰，后面除尘，或者是抱着柴禾去救火。

罚不讳亲　功不忌仇

【原文】　犯令者不讳其亲，有功者不忌其仇。

【译文】　对违犯军令者就是亲属也不避讳，对有功的人，就是仇人也不忌讳。

乱主自智　事败祸生

【原文】　乱主自智也，而不因圣人之虑；矜奋自功，而不因众人之力；专用己，而不听正谏。故事败而祸生。

【译文】　昏君自恃聪明，而不能依靠有智慧的人谋划；自己逞能，而不依靠众人的力量；一意孤行，而不听正确的劝谏。所以事败而生祸。

不言智能　而朝事治

【原文】　不言智能，而朝事治，国患解，大臣之任也，不言于聪明，而善人举，奸伪诛，视听者众也。

【译文】　君主不宣扬自己的智慧能力，却能使朝中之事得治，国家之患得除，这是因为任用大臣的缘故。君主不表现自己的聪明，却能使善人得用，奸伪之人被诛，这是因为替国家进行监督的人众多的缘故。

明主任贤　不用己智

【原文】　明主不用其智，而任圣人之智；不用其力，而任众人之力。故以圣人之智思虑者，无不知也；以众人之力起事者，无不成也。能自去而因天下之智力起，则身逸而福多。

【译文】　明主不用他自己的智慧，而依靠圣人的智慧；不用他自己的力量，而依靠众人的力量。所以，用圣人的智慧思考问题，就没有不了解的事情；用众人的力量举办事业，就没有不成功的事业。能做到个人放手而依靠天下人的智慧与力量推动国事，那就自身安逸而多得其福了。

无用之辩　弃而不治

【原文】　无用之辩，不急之察，弃而不治。

【译文】　没有用的辩说，不切需要的考察，应当抛弃不要。强调要善于精简事务。

不烦而功　治之至也

【原文】　佚而治，约而详，不烦而功，治之至也。

【译文】　安闲却又把国家治理得很好，办事很简要又很周到，不劳烦而又很有成效，这是最高明的治国方法。

治天下众　若使一人

【原文】　总天下之要，治海内之众，若使一人。故操弥约而事弥大。

【译文】　掌握了治理天下的要领，那么治理起国内百姓来，就像支配一个人一样容易。所以说，把握的原则愈简要，所处理的事情越多。强调领导者要抓关键，抓大事。

将治大者　不拘治细

宋人《折槛图》

【原文】　将治大者不治细，成大功者不成小。

【译文】　将要治理大事的人不治理小事，成就大功的人不成就小功。意思是为了成就大事业，可以不必拘泥于琐碎小事。

处大官者　不欲小察

【原文】　处大官者，不欲小察，小欲小智，故曰：大匠不斫，大庖不豆。

【译文】　居于高职位的人，不应该在小的地方花费精力，不应该玩弄小聪明。所以说，手艺高超的木匠不去亲自动手砍削，高级的厨师不去亲自排列食器。

大明弃小　假乃理事

【原文】　大明不小事，假乃理事也。

【译文】　特别明智的领导者不做小事，大事才去做。

勿愁不虑　执要而已

【原文】　天下之贤主，岂必苦形愁虑哉！执其要而已矣。

【译文】　天下贤明的君主哪里必定要劳身费心呢，掌握治国要领就行了。

执一应万　握要治详

【原文】　执一而应万，握要而治详，谓之术。

【译文】　掌握一个根本思想而应付成千上万的事情，把握大的要领从而使具体事务都得到治理，这就是正确的领导方法。

治大勿烦　烦则易乱

【原文】　治大者不可以烦，烦则乱。

【译文】　从事国家大事治理的人，不可陷入烦琐事务，否则就会把事情搞乱。

为人主者　无为为道

【原文】　为人主者，以无为为道，以不私为宝。

【译文】　作为君主，要以不做具体事为治政之道，以不谋私利为治国之宝。

制国分人　立政分事

【原文】　制国以分人，立政以分事。

【译文】　掌握国家大权者要把责任分给大家承担，设立政体要把事情分给众人做。

为人君者　不及下事

【原文】　为人君者，下及官中之事，则有司不任；为人臣者，上共专于上，则人主失威。

【译文】　做人君的，如果向下干预官吏职责之内的事务，则主管官吏无法负责；做人臣的，如果向上分夺君主的权柄，君主就失去了权威。

为人君者　不言官道

【原文】　为人君者，修官上之道，而不言其中；为人臣者，比官中之事，而不言其外。

【译文】　做人君的，要讲求使用管理众官的方法，而不要干预众官职责以内的事务；做人臣的，要处理职责以内的事情，而不要干预到职责之外去。

兼而一之　人君之道

【原文】　兼而一之，人君之道也；分而职之，人臣之事也。

【译文】　统一规划全局，是君主的职能；分管各项职责，是群臣的事。

上下分明　君臣异道

【原文】　主行臣道则乱，臣行主道则危。故上下无分，君臣共道，乱之本也。

【译文】　君主履行臣子的职能则陷于混乱，臣子履行君主的职权则濒于危亡。所以上下没有分别，君主与臣下的职权混同，是乱国的根源。

扰害天理　严惩不贷

【原文】　人欲扰害天理，众人都晓得；天理扰害天理，虽君子亦迷，况在众人？

【译文】　人的私欲扰乱危害社会公理，众人都会认识到；如果打着社会公理的旗号，却实际上干着扰乱危害社会公理的事情，那么即便是才识渊博的君子也难以分辨，更何况是普通百姓呢？

人各有长　贵在善用

【原文】　善用人底，是个人都用得；不善用人底，是个人用不得。

【译文】　善于使用人的人，对每个人都能够加以利用；不善于使用人的人，任何人都没有办法使用。

居官念头　有其三用

【原文】　居官念头有三用：念念用之君民，则为吉士；念念用之套数，则为俗吏；念念用之身家，则为贼臣。

【译文】　作为官员想法有三种：念念不忘服务于君王和民众，是吉士；念念不忘循规蹈矩，是俗吏；念念不忘自己身家，是贼臣。

宁用破绽　不用寻常

【原文】　小廉曲谨之士，循涂守辙之人，当太平时，使治一方、理一事，尽能奉职。若定难决疑，应卒蹈险，宁用破绽人，不用寻常人。虽豪悍之魁，任侠之雄，驾御有方，更足以建奇功，成大务。噫！难与曲局者道。

【译文】　小心谨慎的人，循规蹈矩的人，当天下太平的时候，任命他们治理一个地方，管理某件事情，还是能够忠于职守的。但是到了决断疑乱的关头，或必须赴汤蹈火的时刻，宁可任用有缺点的人，也不能任用平庸的人。即使是剽悍豪勇的莽夫，放任不羁的枭雄，只要使用的方法得当，就会使他们建立奇功，创出宏大的事业。唉！这些道理是很难当昏惑之人谈论的。

放阔眼界　识见自别

【原文】　建天下之大事功者，全要眼界大。眼界大则识见自别。

【译文】　创天下大事业、立古今大功绩的人，都需要有远大的目光。目光远大，见识自然就与众不同。

为政之道　民众为本

【原文】　为政之道，以不扰为安，以不取为与，以不害为利，以行所无事为兴废起敝。

【译文】　从政的方法，应该以不骚扰民众作为安定的基础，把不榨取民脂民膏当作给予民众的根本，以不祸害民众作为为民谋福利的大事，以不再劳民伤财作为除弊振兴的方法。

为政首务　扶持世教

【原文】　为政先以扶持世教为主，在上者一举措间，而世教之隆污、风俗之美恶系焉。若不管大体何如，而执一时之偏见，虽一事未为不得，而风化所伤甚大，是谓乱常之政。先王慎之。

【译文】　搞政治应该首先扶持世间的教化（道德风尚）。作为统治者的一举一动，就会影响到世间道德风尚的盛衰及习俗的善恶等。倘若不管总的原则，固执一时的偏见，虽然在一件事上或许能够侥幸成功，但是对于世间道德风尚的影响极坏，这就是常说的扰乱常规的政治。前代帝王对此非常重视。

张宗苍《山水图》

知微知彰　杜绝祸患

【原文】　天下之祸，成于怠忽者居其半，成于激迫者居其半。惟圣人能销祸于未形，弭患于既著。夫是之谓知微知彰。知微者不动声色，要在能察几；知彰者不激怒涛，要在能审势。呜呼！非圣人之智，其谁与于此？

【译文】　天下的祸患，由于惰怠疏忽而产生的占了一半，由于匆忙急切的占了一半，唯独圣人能够使祸殃消失在没有成形的时候，防止灾患在没有显露的时候，这就是能够由事情微小的方面预见到事情的结果。认识其微小的——面而不动声色，关键在于善于观察；预见其结果而不张惶失措，关键在于能够审时度势。唉！没有像圣人那样的智慧，有什么人能够做到这一点呢？

鼓舞人心　振作士气

【原文】　精神爽奋，则百废俱兴；肢体怠驰，则百兴俱废。圣人之治天下，鼓舞人心，振作士气，务使天下之人如含露之朝叶，不欲如久旱之午苗。

【译文】　倘若精神朝气蓬勃，各种荒废的事情就会重新兴起；如果神情惰怠涣散，就会使本来很兴旺的事情沦为荒废的境地。圣人治理天下，就是要鼓舞人心，振作精神，使天下的人们就像早晨含着露水的叶子，不要像正午时久旱的秧苗那样。

天下存亡　系于"人心"

【原文】　天下之存亡系两字，曰"天命"。天命之去就系两字，曰"人心"。

【译文】 天下的存亡关键在于两个字，那就是"天命。"天命的去从也在于两个字，那就是"人心"。

国之所惧 贪欲怒气

【原文】 无厌之欲，乱之所自生也；不平之气，乱之所由成也。皆有国者之所惧也。

【译文】 贪得无厌的欲望，是混乱滋生的根源。愤懑不平的怒气，是混乱生成的原由。这些都是统治者应该极为警惕的。

用恩威者 不忘施怒

【原文】 善用威者不轻怒，善用恩者不妄施。

【译文】 善于采用威严策略的人不会轻易发怒，善于运用恩惠手段的人不会随便实施恩泽。

居上之患 赏罚不明

【原文】 居上之患，莫大于赏无功，赦有罪；尤莫大于有功不赏、而罚及无罪。是故王者任功罪，不任喜怒；任是非，不任毁誉。所以平天下之情，而妨其变也。此有国家者之大戒也。

【译文】 作为统治者最大危害，就在于对没有功的人却加以奖赏，对那些犯了罪的人却给予赦免；尤其表现在对有功之士不加奖励，反而惩罚没有犯罪的人。因此帝王应该按功论赏，不掺杂自己的个人感情；应该根据是非标准，而不应该根据他人的诋毁或赞誉。这样做是为了使天下的民心得以平定，从而防止人心思变。这是国家统治者应该深深加以注意的。

治病择医　安民择吏

【原文】　治病要择良医，安民要择良吏。良吏不患无人，在选择有法，而激劝有道耳。

【译文】　治病应该选择高明的医生，安抚民众应该选择好的官吏。并不是没有好的官吏，只是在于选择的方法是否得当，同时也在于激励鞭策的方法是否合适。

为政之本　百姓富足

【原文】　足民，王政之大本。百姓足，万政举；百姓不足，万政废。孔子告子贡以"足食"，告冉有以"富之"。孟子告梁王以"养生送死无憾"，告齐王以"制田里、教树畜"。尧舜舍此无良法矣。哀哉！

【译文】　使民众富裕，是帝王政策最根本的所在。民众富足，则各种方针政策得以实行；民众穷困，各种方针政策就会废驰。孔子教导子贡应使民众丰衣足食，教导冉有应使民众富裕起来；孟子劝谏梁惠王让活着的人安康，让死了的人安息，使人没有缺憾，劝谏齐王注重农业畜牧。即便是帝尧、帝舜，除了这样做也没有别的方法。唉！

德感诚孚　令行禁止

【原文】　为政之道，第一要德感诚孚，第二要令行禁止。令不行，禁不止，与无官无政同，虽尧、舜不能治一乡，而况天下乎！

【译文】　统治的方法策略，第一应该以道德感化，以诚挚服人；第二应该有令必行，有禁必止。有令不行，有禁不止，与没有官员和政权一样，即使是尧、舜也没有办法治理哪怕是一个乡村，更何况是整个国家哩。

权之所在 利之所归

【原文】 权之所在，利之所归也。圣人以权行道，小人以权济私。在上者慎以权与人。

【译文】 有了权力，就有了利益。圣人以权力推行道义，小人以权力谋取私利。统治者要慎重对待权力，不要轻易把权力交给他人。

择用小人 摒弃小人

【原文】 洗漆以油，洗污以灰，洗油以腻。去小人以小人，此古今妙手也，昔人明此意者几？故以君子去小人，正治之法也。正治是堂堂之阵，妙手是玄玄之机，玄玄之机，非圣人不能用也。

【译文】 用油可以洗油漆，用灰可以洗污迹，用腻子可以洗油。用小人来整治小人，这是古今绝妙的方法。过去能有几人懂得这个道理呢？因此说以君子来去除小人，是正当的整治之法。正当的整治是堂堂皇皇地进行，而巧妙的方法却有深奥的机巧。这深奥的机巧除非圣人才能够运用得当。

良官廉吏 乐其所苦

【原文】 做官都是苦事，为官原是苦人，官职高一步，责任更大一步，忧勤更增一步。圣人胼手胝足，劳心焦思，惟天下之安而后乐，是乐者，乐其所苦者也。众人快欲适情，身尊家润，惟富贵之得而后乐，是乐者，乐其所乐者也。

【译文】 做官本来是一件很辛苦的工作，官员本也是辛苦的人。地位升高了一步，责任就更大了一步，辛苦也就更进一层，圣人手脚都磨出了老茧，整天劳心费力，只把天下的安宁当做自己的快乐。这种快乐，是为其劳苦所快乐。人们贪图悠闲纵欲的欢乐，自己有地位，家境富裕殷实，只有得到富贵才会感到高兴。这种欢乐，是为其享乐而欢乐。

居官曰任　信任责成

【原文】　官之所居曰任，此意最可玩，不惟取责任负荷之义。任者，任也。听其便宜，信任而责成也。若牵制束缚，非任矣。

【译文】　居官称作任官，"任"的含义很值得品味，不仅指责任负荷的意思，任，就是信任和听任。听任官员的意愿，信任并责成官员做出成绩。如果牵制和束缚官员，那就不叫任了。

居官为政　有其五要

【原文】　居官有五要：休错问一件事，休屈打一个人，休妄费一分财，休轻劳一夫力，休苟取一文钱。

【译文】　当官有五个要求：不要错问任何一件事，不要屈打任何一个人，不要浪费任何钱财，不要轻易役使民力，不要图取任何钱财。

恽向《幽涧峭兮鸣泉深图》

用天下心　作为己心

【原文】　治天下者，当用天下之心为心，不得自专快意而已也。

【译文】　治理天下的人，应当以天下人民的心意作为自己的心意，不能只凭己见独断专行，恣心所欲。

矫枉过正　难治天下

【原文】　矫枉而又之于枉，不可以治无事之天下，而况国步方蹙，人心未固之时乎？

【译文】　在纠正错误事情的同时，又犯了过头的错误，这样做，连天下无事时都治理不好，更何况是国步艰难、人心尚未稳固的时期呢。

掌握一理　而忘众理

【原文】　执一理而忘众理，则失之。

【译文】　掌握了一个道理而忘了其他众多道理，这是一个过错。

违背客观　祸患必及

【原文】　违时任意，则祸必及。

【译文】　违背时间条件，完全按主观意志办事，那么祸患必将来到。

谋夫孔多　是用不集

【原文】　谋夫孔多，是用不集，发言盈庭，谁敢执其咎？如匪行迈谋，是用不得于道。

【译文】　出主意的人太多，有用的意见难以集中，发言装满了屋子，但又有谁来负责任？就像求教于过路人一样，是得不到正确结论的。

蜚蓬之问　明主不听

【原文】　蜚蓬之问，明主不听也。无度之言，明主不许也。

【译文】　没有根据的言论，英明的君主是不听的；没有法度的言论，英明的君主是不能赞同的。

无稽之言　不见之行

【原文】　无稽之言，不见之行，不闻之谋，君子慎之。

【译文】　对无法考察验证的言辞，没有亲眼见到的行为，没有听说过的计谋，君子必须慎重对待。

制世御俗　不夺众口

【原文】　圣王制世御俗，独化于陶钧之上，而不牵于卑乱之语，不夺于众人之口。

【译文】　圣明的君主治理社会统御众人，要独立地运用政教，教化天下，就像制陶器的人转动圆轮一样自有法度，不为卑琐邪乱的议论所牵制，不因纷杂众多的口舌而丧失独立见解。

贤主所作　浅闻弗知

【原文】　贤主所作，固非浅闻者所能知。

【译文】　一个贤能国君所做的事，本来就不是见识短浅的人所能理解的。

死者之病　难为良医

【原文】　与死者同病，难为良医；与亡国同道，难与为谋。

【译文】　与死者患同样病症的人，难以成为良医；与亡国者有相同思想主张的人，难以与他谋划事情。

见人不见　知人不知

【原文】　将得，必独见独知。独见者，见人所不见也；独知者，知人所不知也。

【译文】　将领必须有自己的独到见解和知识。所谓独到的见解，就是能洞察别人所看不到的东西；所谓独到的知识，就是知道别人所不知道的事物。

下将用兵　博闻自乱

【原文】　下将之用兵也，博闻而自乱，多知而自疑，居则恐惧，发则犹豫，是以动为人禽矣。

【译文】　下等的将军用兵打仗，见闻广博却无主见，反把自己的思想搞乱了，懂得的很多却不会用，常常怀疑自己，平时恐惧紧张，行动时却又犹犹豫豫，所以在军事行动时必然为敌人所擒。

行在审己　不恤浮议

【原文】　行事在审己，不必恤浮议。

【译文】　做什么事一定要自己弄明白，没有必要为那些纷杂的议论而忧虑。

利可共享　谋可寡议

【原文】　利可共而不可独，谋可寡而不可众。

【译文】　好处可以大家一起享受，而不能自己独占，计谋可以和少数人商议，而不能和众多的人商议。

经略大事　不待众言

【原文】　经略大事，固非常情所及，智者了于胸中，不必待众言皆合也。

【译文】　筹划大事，本来不是平常人力所能及的，有智慧的人心里明白就可以了，不必等众人的意见完全一致。

兴一世功　不恤流俗

【原文】　兴一世之功，不当恤流俗之议。

【译文】　要想建立划时代的功业，就不应该把一般没有远见的人的议论放在心上。

于人则智　自知则愚

【原文】　于人则智，自知则愚，事先则明，临事而暗，随世以迁流，则必与世而同其败。

【译文】　对于别人的事看得很明白，在需要自知之明时就糊涂了，在事前很明智，事到临头就不清醒了，跟着世人随波逐流，结果只能与世人一起失败。

以物为法　感而后应

【原文】　因也者，舍己而以物为法者也。感而后应，非所设也；缘理而动，非所取也。

【译文】　所谓依靠，就是抛开自己而以客观事物为依据。感知事物而后去适应，就不是由自己所能创造的了。按照事物的道理采取行动，就不是自己所择取的了。意谓要顺应客观规律。

赵孟頫《鹊华秋色图》

必然之理　必治之政

【原文】　知必然之理、必为之时势，故为必治之政。

【译文】　知道事物发展的客观规律，又懂得在何种形势下自己应该怎样做，那么就一定能实行治理好国家的政策措施。

用非其有　使非其民

【原文】　明主者用非其有，使非其民。

【译文】　贤明的君主能利用不属于他的东西，能役使不属于他的民众。说明要善于利用外人外物，为己所用。

天时地利　不如人和

【原文】　天时不如地利，地利不如人和。

【译文】　得天时不如得地利，得地利不如得人和。意谓天时、地利、人和都是事情成功的必要条件，而以人和为最重要。

虽有智慧　不如乘势

【原文】　虽有智慧，不如乘势；虽有镃基，不如待时。

【译文】　虽然有智慧，不如及时利用客观形势；虽然有很大的锄头，不如等待锄地的季节（再来锄草）。

君子役物　物役小人

【原文】　君子役物，小人役于物。

【译文】　有才德的人善于支配外物，无才德的人受外物所支配。

造父善御　假以舆马

【原文】　造父者，天下之善御者也，无舆马则无所见其能；羿者，天下之善射者也，无弓矢则无所见其巧。

【译文】　造父，是天下最善于驾驶车马的人，但没有车马也就显示不出他的才能；羿，是天下最善于射箭的人，但没有弓箭他也就无从表现他射箭的技巧。说明做事要有一定的条件。

子帅以正　孰敢不正

【原文】　政者，正也。子帅以正，孰敢不正？

【译文】　政，就是正的意思。您带头走正路，谁敢不走正路呢？

薄身厚民　聚敛难行

【原文】　薄身厚民，故聚敛之人不得行。

【译文】　要求自己很严格很俭朴，对人民则宽厚仁爱，这样，用不正当手段聚敛财富的人就行不通。

身不先行　民不能止

【原文】　禁之以制，而身不先行，民不能止。

【译文】　用法律来禁止不好的事情，如果执政者不以身作则，就无法制止老百姓。

治民以仁　万民从之

【原文】　尧、舜帅天下以仁而民从之。桀、纣帅天下以暴而民从之，其所令，反其所好，而民不从。是故，君子有诸己而后求诸人；无诸己而后非诸人。

【译文】　尧、舜以仁来统率天下，于是人民也跟着他们讲仁爱。桀、纣以暴虐来统率天下，于是人民也跟着他们不讲仁爱。桀、纣要人民从善的政令，与他们暴虐的本性是相违背的，于是人们便不服从他们。所以说，国君自己有了好的品德而后才能要求别人，自己身上没有恶行而后才能批评别人。

口若言之　身必行之

【原文】　政者，口言之，身必行之。

【译文】　从政的人，嘴上说了，就必须身体力行去实践它。

光晖于外　其贼于内

【原文】　日月晖于外，其贼在于内。谨备其所憎，而祸在于所爱。

【译文】 日月的光辉闪耀在外面，隐患却在它们的内部。人们通常对自己所仇视的人严加防备，而祸患却常常产生于自己所亲近偏爱的那些人。告诫执政者警惕内部隐患，提防新近的人出问题。

言出己口　勿止于人

【原文】 言出于口者，不可止于人；行发于迩者，不可禁于远。

【译文】 错话是从自己嘴里讲出去的，不能从别人那里去禁止；错误的行为是从身边发生的，不能从远处去禁止。

正矩有方　正规有圆

【原文】 矩不正不可以为方，规不正不可以为圆。身者事之规矩也，未闻枉己而能正人者也。

【译文】 矩不端正就不能画方形，规不端正就不能画圆形。自身就是行事的规矩，未听说自己不正派而能端正别人的。

张路《风雨归庄图》

禁胜于身　令行于民

【原文】 禁胜于身，则令行于民矣。

【译文】　禁令首先必须管得住据政者自身，然后才能实行于万民。

自身正直　邪恶自除

【原文】　正身直行，众邪自恩。

【译文】　自身端正，行为正直，各种邪恶就会自行消灭。

先禁自身　而后禁人

【原文】　善禁者，先禁其身而后人；不善禁者，先禁人而后身。

【译文】　善于施行禁令的人，首先是自己执行禁令，然后才能禁止别人；不善于施行禁令的人，而要求别人先执行禁令，然后才是自己。

求之于己　不以贵下

【原文】　圣人求之于己，不以贵下。

【译文】　圣人严格要求自己，而非一味地要求和责备臣下。

善人不赏　暴人不罚

【原文】　善人不赏而暴人不罚，为政若此，国众必乱。

【译文】　好人得不到奖励，坏人得不到惩罚，政事如果搞成这样，国家和民众必乱无疑。

刑赏公道　不徇私情

【原文】　刑赏予夺一归之公道，而不必曲徇乎私情。

【译文】　治罪与奖赏，给予与剥夺，都统一归于公正之道，而不能偏心眼徇私情。

奖远忠臣　化近臣公

【原文】　奖远臣以忠鲠，而化近臣于公坦。

【译文】　对于离自己较远的臣子忠诚正直的表现，要给予奖励；对于与自己亲近的臣子，则教化他们要公正坦诚，不阿谀曲从。

一人夺私　兆民理废

【原文】　一人之予夺私，而兆民之公理废矣。

【译文】　执政者一个人根据私意在权力、利益方面随意给予或剥夺，那么亿万民众的公理就被废弃了。

虽有所愉　光和求当

【原文】　我虽有所愉而喜，必先和心以求其当，然后发庆赏以立其德。虽有所忿而怒，必先平心以求其政，然后发刑罚以立其威。

【译文】　君主本人在情绪欢愉表现得很高兴的时候，一定要让心情平和下来以求办事得当，然后才能从事奖赏树立德惠；在心里生气情绪忿怒的时候，一定要让心情平静下来以求办事正确，然后才能实行刑罚树立权威。

强调在奖罚时不要受主观情绪的影响，以求公正。

施行刑罚　不以忿怒

【原文】　其行罚也，非以忿怒妄诛而纵暴心也，以禁天下不忠不孝而害国者也。

【译文】　施行刑罚，不是因为一时忿恨恼怒就胡乱杀人而放纵自己的暴心，而是为了禁止天下不忠不孝而有害于国家的行为。

遇喜妄法　逢怒加罪

【原文】　遇喜则矜其情于法中，逢怒则求其罪于事外，所好则钻皮出其毛羽，所恶则洗垢求其瘢痕。瘢痕可求，则刑斯滥矣；毛羽可出，则赏因谬矣。

【译文】　遇到高兴的时候就以情代法，碰上生气的时候就无中生有地在事实之外网罗罪名。对于自己喜欢的人，就想方设法寻找他的长处；对于自己厌恶的人，就吹毛求疵找他的毛病。毛病一旦找到，刑罚就要滥施了；长处一旦被找到，奖赏就要谬行了。

喜则滥赏　怒则滥杀

【原文】　自古帝王多任情喜怒，喜则滥赏无功，怒则滥杀无罪。是以天下丧乱，莫不由此。

【译文】　自古以来的帝王大都放任自己的性情凭喜怒处理事情。高兴时，对无功之人也滥中奖赏；恼怒时对无罪之人也滥加杀戮，所以说国家的动乱没有不是由此引起的。

赏不因喜　罚无因怒

【原文】　恩所加则思无因喜以谬赏，罚所及则思无因怒而滥刑。

【译文】　打算实施恩赐时就要想到不要因自己喜欢就错误地加以奖赏；打算进行惩罚时就要想到不要因自己生气就滥施酷刑。

官赏刑罚　与天下共

【原文】　官赏刑罚，与天下共其可否，勿以己之爱憎喜怒移之，天下自理。

【译文】　任用官员，施行奖赏，运用刑罚，应当符合天下公论，不要以自己的爱憎喜怒为转移，天下自然就治理好了。

赏虽由己　勿因喜行

【原文】　赏虽由己，勿因喜而行；罚虽在我，勿因怒而刑。

【译文】　奖赏虽然是自己说了算，也不可一高兴就施行；惩罚虽然是自己做主，也不可心有怒气就枉加治罪。

刑赏为公　非为一人

【原文】　刑赏，天下之刑赏，非陛下之刑赏，岂得以喜怒专之？

【译文】　处罚和奖励，不是皇帝私人的处罚和奖励，难道能够凭着您个人的喜怒独自作主吗？

圣人厚赏　非为侈也

【原文】　圣人设厚赏，非侈也；立重禁，非戾也。赏薄则民不利，禁轻则邪人不畏。设人之所不利，欲以使，则民不尽力；立人之所不畏，欲以禁，则邪人不止。

【译文】　圣人设厚赏不能算作奢侈浪费；行重禁不能算作暴戾严酷。赏赐太薄则人民不当作是什么好处，禁罚太轻则恶人无所畏惧。设立人们不以为然的轻赏，想要役使人们做事，则不肯尽力；设立谁也不害怕的轻禁，想要禁止人们作恶，则恶人不会平息。

善为小善　而不舍之

【原文】　君子不谓小善不足为也而舍之，小善积而为大善；不谓小不善为无伤也而泊之，小不善积而为大不善。

【译文】　君子对好的行为不认为它不得不值得做而舍弃它，因为"小善"积累起来就是"大善"；对于不好的行为，君子不认为它是小得没什么损害作用就去干，因为"小不善"积累起来就是"大不善"。

顾安《幽篁秀石图》

不为非事　不取非有

【原文】　智者不为非其事，廉者不为非其有。

【译文】　聪明的人不做他不应该做的事，廉洁的人不追求他不应该有的财物。

受鱼失禄　无以食鱼

【原文】　受鱼失禄，无以食鱼；不受得禄，终会食鱼。

【译文】　接受别人送的鱼就会因此而去掉俸禄，没有钱再买鱼吃了；不接受馈赠而保住了俸禄，就终身有鱼吃。

受人者畏　与人者骄

【原文】　受人者，常畏人；与人者，常骄人。

【译文】　接受馈赠的人，常常害怕别人，给别人财物的人，则常常盛气凌人。

见利思难　见利忘患

【原文】　智者见利而思难，暗者见利而忘患。

【译文】　聪明的人在看到好处的同时就会考虑到危难，昏愚的人看到好处却忘记了灾患。

陷其身者　为贪财利

【原文】　陷其身者，皆为贪冒财利，与夫鱼鸟何以异哉？

【译文】　那些身陷灾祸的人，都是因为贪财求利，这和鱼鸟有什么不同？

徇私贪浊　非止坏法

【原文】　若徇私贪浊，非止坏公法，损百姓，纵事未发闻，中心岂不常惧？恐惧既多，亦有因而致死。大丈夫岂得苟贪财物，以害及身命，使子孙每怀愧耻耶？

【译文】　如果徇私贪污，不止是破坏了国家法律，损害百姓利益，即使不被揭露出来，心里岂不经常担惊受怕？惊怕既多，也有因此而致死的。大丈夫怎能因贪物而丢了性命，使子孙后代都感到惭愧和羞耻呢？

见金忘刑　径自受纳

【原文】　见金钱财帛不惧刑网，径自受纳，乃是不惜性命。明珠是身外之物，尚不可弹雀，何况性命之重。乃以博财物耶？

【译文】　看见钱财就不怕犯法，因而受贿，这就叫不珍惜性命。明珠是身外之物，尚不可用来打鸟，何况比明珠要贵得多的性命，倒可以去换取财物吗？

尚贤使能　赏功罚罪

【原文】　尚贤使能，赏有功，罚有罪，非独一人为之也，彼先王之道也，一人之本也。

【译文】　尊尚贤人，任用能人，奖励有功，惩罚有罪，这并不是某个人的独特做法，它是先王遵循的原则，是使人民协调一致的根本。

凡治天下　必因人情

【原文】　凡治天下，必因人情。人情者有好恶，故赏罚可用；赏罚可用则禁令可立而治道具矣。

【译文】　凡是治理天下，一定要按照人的性情。人的性情有喜欢和厌恶，所以赏罚才可以使用；赏罚可用那么禁令才行得通，治理天下的方法也就具备了。

赏罚利器　操之制臣

【原文】　赏罚者，利器也。君操之以制臣，臣得之以拥主。

【译文】　赏罚是治国的精良工具，国君用它来统制大臣，大臣用它来拥戴君主。

赏刑分明　则民尽死

【原文】　赏刑明则民尽死，民尽刑则兵强主尊。

【译文】　奖赏和刑罚明确，那么百姓就会尽死效命，百姓尽死效命就会使军队强大而君主尊贵。

亡功受赏　有罪不杀

【原文】　亡功者受赏，有罪者不杀，百官废乱。

【译文】　无功的人受到奖赏，有罪的人不处以重刑，那么百官就会衰败混乱。

顺乎民情　不可郁积

【原文】　民情甚不可郁也。防以郁水，一决则漂屋推山；炮以郁火，一发则碎石破木。桀、纣郁民情而汤、武通之，此存亡之大机也。有天下者之所夙夜孜孜者也。

【译文】　人民的情绪不可有所郁积。堤防是用来蓄水的，一旦决堤就会屋漂山倒；火炮是用来蕴积火的，一旦放出就会石碎木檗。夏桀、商纣郁积了人民的情绪，而商汤、周武使人民的情绪畅通。这是政权存在的关键，也是最高统治者日夜孜孜以求的东西。

当官称职　并非易事

【原文】　世上没个好做的官，虽抱关之吏，也须夜行早起，方为称职。才说做官好，便不是做好官的人。

【译文】　世上没有容易做的官职，即使是抱关的小吏，也必须早起晚归，才能说是称职。如果有人只说做官是如何好，那么他就一定不是一个做好官的人。

人无心言　谓真无过

【原文】　在上者无过，在下者多过。非在上者之无过，有过而人

汪士慎《梅花图》

莫敢言。在下者非多过，诬之而人莫敢辩。夫惟使人无心言，然后为上者真无过。使人心服，而后为下者真多过也。

【译文】 在上面的统治者没有过错，下面的官吏却过错很多。并不是统治者没有过错，而是有过错却无人敢说。也不是下面的官吏有那么多的过错，而是受到了诬陷却不敢辩解。只有使人心中没有怨恨，上面的统治者才是真的没有过错。使人心服，然后作为下面的官吏才是真有多的过错。

一世业官　学习不断

【原文】 未到手时，嫌于出位而不敢学；既到手时，迫于应酬而不及学。一世业官苟且，只于虚套搪塞，竟不嚼真味，竟不见成功。虽位至三公。点检真足愧汗。学者思之。

【译文】 没有做官的时候认为超越自己的身份而不去学习，既受到任命以后又疲于应酬而来不及学习。一辈子做官苟且偷生，只是虚伪地应酬搪塞，竟然不懂得做官的真正意义，竟然没有一点功效。像这样即使已位至三公（太师、太傅、太保），检查起来也足以使其惭愧。学者应该仔细思考。

取守天下　贵在民安

【原文】 取天下、守天下，只在一种人上加意念，一个字上做工夫。一种人是哪个？曰民。一个字是甚么？曰安。

【译文】 夺取天下、巩固天下，只须对一种人和一件事极为注意。这一种人是谁？就是民众。这一件事是什么？就是安定。

忠言逆耳　奸言顺心

【原文】 顺心之言易入也，有害于治；逆耳之言裨治也，不可于人，可恨也。夫惟圣君以逆耳者顺于心，故天下治。

【译文】　顺心的话容易听得进去，然而对于国家的治理却有害处；逆耳的话即使有利于国家的治理，但是却不易使人接受，真是太遗憾了。唯有圣明的君主能够把逆耳的话听得很顺心，因此天下就能够治理得非常安定。

治人所慎　无所顾惜

【原文】　人到无所顾惜时，君父之尊不能使之严，鼎镬之威不能使之惧，千言万语不能使之喻，虽圣人亦无如之何也已。圣人知其然也，每养其体面，体其情私，而不使至于无所顾惜。

【译文】　人到了无所顾及惋惜的时候，即便君王、父亲的尊严也不能使其严肃，严酷刑罚的威严也不能使其害怕，千言万语也不能使其醒悟，即使是圣人也对其毫无办法。圣人知道是什么原因，所以常常顾全其情面，体谅其感情私欲，从而使其不至于到无所顾忌的地步。

祸患根源　在"苟可以"

【原文】　天下之患，莫大于"苟可以"而止。养颓靡不复振之习，成恧重不可反之势，皆"苟可以"三字为之也。是以圣人之治身也，勤励不息；其治民也，鼓舞不倦。不以无事废常规，不以无害忽小失。非多事，非好劳也，诚知夫天下之事，廑未然之忧者尚多；或然之悔怀，太过之虑者犹贻不及之；忧兢慎始之图者，不免怠终之患故耳。

【译文】　天下的祸患，没有大于"差不多就行"就停止的了。纵容颓废萎靡没有振作的习气，从而形成不可挽回的趋势，这些都是"差不多就行"造成的。因此圣人对于自己，勤勉不息；治理民众，鼓舞激励。不以没有发生什么事情就荒废了常规，不以没有灾害就忽略了小的过失。这样做并不是喜好多事和劳苦，而是因为了解天下的事情，有很多应该防患于未然的。或者事后反悔，过于忧虑还未必能够避免；勤勉惕励，也难免有怠惰的结果呢。

往日过失　不足讥笑

【原文】　既成德矣，而诵其童年之小失；既成功矣，而笑其往日之偶败，皆刻薄之见也。君子不为。

【译文】　一旦成就德业，就说起他小时候的过失；一旦事业有成，便笑话他过去的偶然失败，这些都是刻薄的见识。君子是不会那样做的。

设官为民　积极有为

【原文】　不伤财，不害民，只是不为虚耳。苟设官而惟虐之虑也，不设官其谁虐之？正为家给人足，风移俗易，兴利除害，转危就安耳。设廉静寡欲，分毫无损于民，而万事废驰，分毫无益于民也，逃不得尸位素餐四字。

【译文】　不耗费财富，不危害民众，只是不做恶而已。如果设立了官员同时顾虑他们做恶，那么不设立官员又有谁能够做恶呢？国家设立官员的目的，为了使民众丰衣足食，移风易俗，兴利除害，转危为安。如果官员只是清廉寡欲，丝毫没有损害民众，可是什么都荒废了，也就丝毫没有做有益民众的事情，到头来也不过是在官位上白吃饭而已。

为官禁忌　心胸狭小

【原文】　为人上者，最怕器局小，见识俗。吏胥舆皂尽能笑人，不可不慎也。

【译文】　作为领导，最怕的是心胸狭小和见识庸俗，吏胥舆皂那样的小官也会嘲笑你，这是不可不慎重对待的。

为官盛德　平易近人

【原文】　在上者能使人忘其尊贵而亲之，可谓盛德也已。

【译文】　处在上面的统治者能够使人忘却其尊贵的身份而与其亲近，这可以称得上是隆盛的德行了。

谨慎千日　防止一旦

【原文】　元气已虚，而血肉来溃，饮食起居不甚觉也，一旦外袭之，溘然死矣。不怕千日怕一旦，一旦者，千日之积也。千日可为，一旦不可为矣。故慎于千日，正以防其一旦也。有天下国家者，可惕然惧矣。

颜峤《江楼对弈图》

【译文】　当一个人的元气已经很虚弱，而血肉尚没有溃坏的时候，在饮食起居时不会有什么感觉，而一旦受到外界的袭扰，就会马上死亡。有些人不在乎千日只注重一旦，所谓一旦，实际上却是千日的积累。千日可以预防，而一旦就没有办法预防。因此应该谨慎千日，其目的就是为了防止一旦的发生。作为天下的统治者，尤其应该加以警惕。

非吾所有　一毫莫取

【原文】　苟非吾之所有，虽一毫而莫取。

出泥不染　濯涟不妖

【原文】　出淤泥而不染，濯清涟而不妖。

【译文】　莲花虽是从淤泥中生长出来，但是洁净无染；虽然是沐浴在清澈透底的水域中，但朴实无华。

贫不改节　达不改志

【原文】　贫，气不改；达，志不改。

【译文】　境况贫困，正直的气节坚守不移；地位显达，高尚的志向也不改变。

名节为重　利欲为轻

【原文】　名节重泰山，利欲轻鸿毛。

【译文】　名誉和节操比泰山还要重，私利和物欲比鸿毛还要轻。

两袖清风　免话短长

【原文】　清风两袖朝天去，免得闾阎话短长。

【译文】　寸物不带，甩着两只长袖入京而去，免得让人们说长道短。

其身若正　不令而行

【原文】　其身正，不令而行；其身不正，虽令不从。

【译文】　上面的人行为正派，就是不发布命令下面也会执行；上面的人行为不正派，就是发布命令下面也不会听从。

苟正其身　从政何难

【原文】　苟正其身矣，于从政乎何有？不能正其身，如正人何？

【译文】　如果统治者能够端正自己，对于管理政事还会有什么困难？如果不能端正自己，又怎么能够端正别人呢？

罚严令行　百吏皆恐

【原文】　罚严令行，则百吏皆恐；罚不严，令不行，则百吏皆喜。故明君察子治民之本，本莫要于令。

【译文】　刑罚严，法令行，则百官畏法尽职；刑罚不严，法令不行，则百官玩忽职守。因此，明智的君主深知治民的根本，没有比法令更要紧的。

治国靠法　止暴用刑

【原文】　治国使众莫如法，禁淫止暴莫如刑。故贫者非不欲夺富者财也，然而不敢者，法不使也；强者非不能暴弱也，然而不敢者，畏法诛也。

【译文】　治理国家，使役人民莫如有法，禁止淫乱，抑制暴行莫如有刑。

贫者并非不想夺取富者的财物，然而他不敢，是法律不允许；强者并非不能欺凌弱者，然而他不敢，是畏惧法度的惩治。

无法致乱　无度失仪

【原文】　凡国无法则众不知所为，无度则事无仪。

【译文】　凡国家没有法制，民众就不知道怎样行事；没有制度，行事就没有准则。

国无法制　何以出令

【原文】　国无经，何以出令？令之不从，上之患也。

【译文】　国家没有固定的法律制度，凭什么来发布政令？政令不被人民服从，这是执政者的祸患。

法虽不善　强于无法

【原文】　法虽不善，犹愈于无法。所以一人心也。

【译文】　法律虽然不太理想，仍然比没有法律要好。因为它可以统一人们的思想和行为。

善治国者　塞民以法

【原文】　民本，法也。故善治者塞民以法。

【译文】　统治民众的根本是法制。所以善于治国的人，用法制来约束民众。

背法而治　无马行路

【原文】　背法而治，此任重道远而无马车，济大川而元舡楫也。

【译文】　背弃法治去治国，那就好比担子很重，道路很远，而没有牛马，又好比想过大河而没有船和桨一样。说明不通过法治而想治理好国家是不可能的。

苟非明法　危亡为邻

【原文】　苟非明法以守之也，与危亡为邻。故明主察法。

【译文】　如果不修明法制来保卫国家，那么就接近危亡了。所以英明的君主都明察法治的重要性。

法律法令　为治之本

【原文】　法令者，民之命也，为治之本也，所以备民也。

【译文】　法令是民众的生命，是治理国家的根本，是用来保护民众的。

文点《树下临流图》

辔衔不饬　不能致远

【原文】　执法者国之辔衔，刑罚诸国之维楫也。故辔衔不饬，虽王良不能以致远；维楫不设，虽良工不能以终水。

【译文】　法律好像是国家的马缰绳和马嚼子，刑罚好比是国家的缆绳和船桨。马缰绳和马嚼子不完整，即使最好的御手王良也不能使车马跑远路；船的缆绳和船桨不具备，即使再好的船工也不能划船渡河。

国无带治　又无常乱

【原文】　国无常治，又无常乱，法令行则国治，法令弛则国乱。

【译文】　国家没有永久固定的太平，也没有永久固定的混乱。法令得以实行国家就太平，法令废弛国家就混乱。

法者治政　禁暴率善

【原文】　法者，治之政也，所以禁暴而率善人也。

【译文】　法令，是治政的依据，目的是用它来禁止强暴，引导人们归向善良。

其立法也　非以苦民

【原文】　其立法也，非以苦民伤重而为之机陷也，以之兴利除害，尊主安民而救暴乱也。

【译文】　设立法度，不是为了伤害民众，使百姓受苦而设置的机关和陷井，而是靠它来兴利除害，使君主更加尊重，使人民更加安定，并且能挽救暴乱的危机。

有制之兵　无能之将

【原文】　有制之兵，无能之将，不可以败；无制之兵，有能之将，不可以胜。

【译文】　有严明法纪的军队，即使指挥它的将领才能差些，也不会被打败；毫无法纪的军队，即使指挥它的将领再有才能，也打不了胜仗。

法令大弛　是非易位

【原文】　法大弛，则是非易位。赏恒在佞，而罚恒在直。

【译文】　法制完全废弛，是与非就颠倒了。赏赐就会常常给与奸佞之徒，而惩罚却加之于正直之士。

国之权衡　时之准绳

【原文】　法，国之权衡也，时之准绳也。权衡所以定轻重，准绳所以正曲直。

【译文】　法律是治理国家的度量衡，是时代一切事物的准绳。权衡是用来确定轻重的，准绳是用来校正曲直的。

治理国家　正其制度

【原文】　经国序民，正其制度。

【译文】　治理国家，使人民安然有序，就要健全端正各项制度。

为治之具　辅治之法

【原文】　政者，为治之具；刑者，辅治之法。

【译文】　政令是治理天下的工具，刑罚是辅助治理天下的法宝。意谓治理国家，既要有政令制度，也要有刑规罚则，二者不可偏废。

号令既明　刑罚勿弛

【原文】　号令既明，刑罚亦不可弛，苟不用刑罚，则号令徒挂墙壁上耳。与其不遵以梗吾治，曷若惩其一以戒百。

【译文】　号令既已申明，刑罚也不可放松，如果不用刑罚，那么号令只能白白挂在墙壁上。与其一些人不遵守法律以阻碍我们的治理，怎么比得上惩治他一个而警告更多的人。

圣人之治　审于法禁

【原文】　圣人之治也，审于法禁，法禁明著则官法。

【译文】　圣人治理天下，对于法律的制订是很审慎的，法律明确，官吏才能守法。

饰法不迁　法平吏治

【原文】　饰令则法不迁，法平则吏无奸。

【译文】　时常整顿法令，法令就不会变迁，国家常法稳固，那么官吏就不会有奸邪的行为。

礼烦不庄　业烦无功

【原文】　礼烦则不庄，业烦则无功，令苛则不听，禁多则不行。

【译文】　礼节繁琐了反而不庄重，事业繁多反而不成功，命令过于严苛就没有人听从，禁令多了反而行不通。说明施政行令不要搞过了头，过严过繁只会适得其反。

吴宏《江城秋访图》

必同法令　所以一心

【原文】　有金鼓，所以一耳，必同法令，所以一心也。

【译文】　设置金鼓，是为了用来统一士兵的听闻；法令一律，是为了用来统一人民的思想。

王者为民　治则必明

【原文】　王者为民，治则不可以不明，准绳不可以不正。

【译文】　君主为民执政，治理国家的准则不可以不明确，法度规章不可以不端正。

事寡易从　法省易因

【原文】　事寡易从，法省易因，故民不以政获罪也。

【译文】　国家政事少，人民容易服从，法规简要，人民容易遵守，所以人民不会因政事的问题而犯罪。

政事简易　民有亲近

【原文】　政不简不易，民不有近；平易近民，民必归之。

【译文】　国家政事若不简化易行，百姓就不会亲近；若为政之道能平易亲近民众，民心必然归附。

遵守根本　顺应变化

【原文】　宗原应变，曲得其宜。

【译文】　既遵守根本原则，又能顺应情况的变化，使各方面都处理得很得当。

兵有大要　知谋则得

【原文】　兵有大要，知谋物之不谋之不禁也，则得之矣。

【译文】　用兵有它的关键，如果懂得攻其无备，出其不意，那就掌握了用兵的关键了。

用力贵突 使智贵卒

【原文】 力贵突，智贵卒。得之同则速为止，胜之同则湿为下。

【译文】 用力贵在突发，用智贵在敏捷。同样获得一物，速度快的为优；同样战胜对手，拖延久的为劣。

智者举事 因祸为福

【原文】 智者举事，因福为福，转败为功。

【译文】 聪明人做事情，能变不利因素为有利因素，从而使祸转化为福，使失败转化为成功。

失火之家 岂暇告人

【原文】 失火之家，岂暇先言大人而后救火乎！

【译文】 家中失了火，哪里来得及先告诉家长然后再去救火呢！喻指遇到非常之事不必拘守常规。

军尚随机 期于合宜

【原文】 军事尚权，期于合宜。

【译文】 打仗的事重在随机应变，目的是符合实际需要。

听命劫败　决非良将

【原文】　从令纵敌，非良将也。

【译文】　在战斗中，机械地执行上级命令，贻误战机，放走了敌人，决不是优秀的指挥员。

处危自谋　因危为功

【原文】　上智不处危以侥幸，中智能因危以为功，下愚安于危以自亡。

【译文】　最有智慧的人，不会在面临危险时抱着侥幸心理，而是依靠自己的努力去改善处境；具有中等智慧的人，能够因势利导，把危险变为成功的机会；最愚蠢的人，则是苟安于危险环境而自取灭亡。

谋藏于心　事见于迹

【原文】　谋藏于心，事见于迹，心与迹同者败，心与迹异者胜。

【译文】　计谋藏于心中，事情表现在外边，心里想的和外表流露的一致时，就失败了；心里想的和外表流露的相反时，就胜利。强调善于以假象迷惑敌人。

其心谋大　其迹示小

【原文】　心谋大，迹示小；心谋取，迹示与；惑其真，疑其诈。

【译文】　内心里策划着大的作战计划，而行动上表现为较小的行动；心里谋划着攻取，表面上表现为给予；以假乱真，使其迷惑，诡诈难料，使其迟疑不决。

时备不虞　军政之要

【原文】　预备不虞，军之善政。

【译文】　随时准备应付可能发生的意外事件，这是行军打仗的最好措施。

事有便宜　不拘常制

【原文】　事有便宜，而不拘常制；谋有奇诡，而不循众。

【译文】　处置一件事，应采取最有利的方式，而不要拘泥于那种固定的一般规定；计谋应具有出人意外、变化难测的特点，不应该迎合和曲从于一般人的见解。

袁耀《巫峡秋涛图》

权不预设　变不先图

【原文】　权不可豫设，变不可先图；与时迁移，应物变化，设策之机也。

【译文】　权谋不能在情况未发生时就预先设计周全，对于变化的事物不能事先就谋划妥当；随着形势而转移，顺应事物而变化，这是确定策略的关键。强调随机应变。

善战致人　否则被致

【原文】　善战者致人　不致于人。

【译文】　善于指挥作战的人一定采取主动，而不被敌人所摆布。

公正治国　奇兵取胜

【原文】　以正守国，以奇用兵。

【译文】　管理国家，要依靠公正无邪的办事原则；打仗用兵，要用不拘一格的方式取胜。

为谋谨慎　乱况削减

【原文】　为谋为毖，乱况斯削。

【译文】　谋划谨慎，祸乱的情况就可以减少。

思之又思　又重思之

【原文】　思之，思之，又重思之。

【译文】　思考吧，思考吧，再重新思考一次吧。强调在决定问题时要反复考虑，三思而行。

举失国危　形过权倒

【原文】　举失而国危，形过而权倒，谋易而祸及，计得而强信。

【译文】　举措失当国家就会危险，过分暴露权谋就会失败，谋事轻率则招祸，计划得宜则发挥强力。

上离其道　下失其事

【原文】　上离其道，下失其事。毋代马走，使尽其力；毋代鸟飞，使弊其羽翼。

【译文】　在上位的脱离了轨道，居下位的官员就荒怠职事。不要代替马去跑，让它自尽其力；不要代替鸟去飞，让它充分使用其羽翼。

上下相干　臣主同则

【原文】　劳主：不明分职，上下相干，臣主同则。

【译文】　所谓烦劳的君主，就是职务分工不明确，君主与臣下互相干扰，臣下与君主责权不清。

君子思考　不出其位

【原文】　君子思不出其位。

【译文】　君子思虑的问题不超出他的职务范围。

其位在上　不应犯下

【原文】　在上不犯下

【译文】　上级官员不干涉下级官员的职权。

代为大匠　鲜不伤手

【原文】　代大匠，希有不伤其手指矣。

【译文】　代替木匠砍木头，很少有不砍伤自己的手的。说明领导者与下级要职责分明，不应包揽下级的事务。

人之百事　不可柜借

【原文】　人之百事，如耳目鼻口之不可以柜借官也；故职分而民不慢，次定而序不乱。

【译文】　人们做一切事情，都各有分工，就像耳朵、眼睛、鼻子、嘴巴的作用不同，不可以相互借用一样。所以，职位明确了人们就不再怠慢，等级名分确定了次序就不再乱。

贪于政者　不分人事

【原文】　贪于政者，不能分人以事。

【译文】　贪心于独揽大权的人，不会把事情分给别人做。

国有大任　焉得专之

【原文】　国有大任，焉得专之？且侵官，冒也；失官，慢也；离局，奸也。

【译文】　国家托付给了你重大任务，怎么可以自作主张、乱管闲事呢？再说，侵犯了别人的职权是冒功，放弃了自己的职责是渎职，离开了本身的岗位是藐视纪律。

仇珠《白衣大士像》

有道之主　因而不为

【原文】　有道之主，因而不为，责而不诏，去想去意，静虚以待，不伐之言，不夺之事，督名审实，官使自司。

【译文】　掌握治国之道的君主，依靠臣子做事，自己却不亲自做。要求臣子做事有成效，自己却不乱发指示。去掉想象，去掉猜度，安静地等待。不代替臣子讲话，不抢夺臣子的事情做。审查名分和实际，官府之事让臣子自己管理。

明主赏罚　非以为己

【原文】　明主之赏罚，非以为己也，以为国也。适于己而无功于国者，不施赏焉；逆于己便于国者，不加罚焉。

【译文】　贤明的君主施行赏罚，不是为了君主自己，而是为了国家。对于与自己意气相投但对国家没有功劳的人，不能给予奖赏；对于不顺从自己但对国家有好处的人，不能给予处罚。说明赏罚要出以公心，不能为私意所左右。

功多赏之　能者处之

【原文】　不以禄私亲，其功多者赏之，其能当者处之。

【译文】　不把爵禄赏赐给自己偏爱的亲信，对那些功劳多的人就赏赐他，对那些才能合适的人就安置他。

奖赏所爱　而罚所恶

【原文】　庸主赏所爱而罚所恶；明主则不然，赏必加于有功，而刑必断于有罪。

【译文】　昏庸的君主奖励自己所喜爱的人，而惩罚自己所厌恶的人；而英明的君主就不是这样，奖赏一定要赐给有功劳的人，刑罚一定是处罚有罪过的人。

赏罚不曲　人以死报

【原文】　赏罚不曲，则人死服。

【译文】　赏罚时不偏私，人们就会以死相报。

尽忠益时　虽仇必赏

【原文】　尽忠益时者虽仇必赏，犯法怠慢者虽亲必罚。

【译文】　竭尽忠诚而有益于时世的人，即使是自己的仇人也要奖赏；

违反了法纪而又不服气的人，即使是自己亲近的人也要处罚。

宠习之臣　仇仇之士

【原文】　见罚者，宠习之臣；受赏者，仇仇之士。戮一人而万国惧，赏匹夫而四海悦。

【译文】　被惩罚的，是皇帝周围的宠臣亲信；受奖赏的，是与君主有隔阂的人。像这样，杀一个人就可以使全天下的人都害怕，赏赐一个一般人就使全国人都心悦诚服。

赏无私功　刑无私罚

【原文】　赏无私功，刑无私罪，是谓军国之法，生杀之柄。

【译文】　施行奖赏不以个人愿望私自给人，施用刑罚也不按个人愿望私自治罪。这是国家或军队的法规，是或生或杀的权柄。

奖不忘远　刑不阿近

【原文】　赏不遗远，罚不阿近。

【译文】　奖赏不遗漏疏远之人，惩罚不偏袒亲近之人。

无功不取　贵势不免

【原文】　爵不可以无功取，刑不可以贵势免。

【译文】　爵位没有功绩就不能获取，刑罚不能因为地位高贵而减免。

无撄则宁　无拂则全

【原文】　物之生林然熙然。孰吾荣乎？孰吾枯乎？已然而莫知其然者，其性也。且而曝之，夜而濡之；一日风之，二日霖之，三之日荡然矣。惟人亦然。无撄则宁，无拂则全。驱之以刑，齐之以政，临之以德，而天下之性荡然矣。尧之治天下，不举善，不去恶，不治小，不教大，民视尧亦天耳。天何心于我哉？舜之治天下也，必治之而后安。虽然，犹未始

邵弥《贻鹤寄书图》

与民相撄也。三王之于民，如恐赤子之啼布呕乳之也。至五霸则又鞭朴随其后也。大道何从而行乎？唐太宗尝指殿屋而谓侍臣曰："治天下如建此屋，营创既成，勿数改易。苟移一椽，正一瓦，践履动摇，必有所损。"

【译文】　万物生长得茂密旺盛。这是什么原因呢？是什么原因又使我们这些生物枯萎凋零？或者枝繁叶茂，或者枯萎凋零，而不知道自己为什么会这样，这就是万物的本性。白天强光照射它，夜晚雨露滋润它；第一天狂风摇动它，第二天大雨浸灌它，第三天它的枝体便受到伤害。人也是这样。不受到侵扰就能安宁，不受到伤害就能保全。用刑罚去强迫他们，用行政手段去整治他们，然后，再用德义去安抚他们，而天下人的本性便受到伤害。尧治理天下时，不举荐好人，不除掉恶人，不处理小事，也不用大道理去教育百姓，百姓把尧看作天一样博大。天对人类会有什么偏爱呢？舜治理天下时，必须通过精心治理，才使天下安宁。即使这样，仍然没有侵扰百姓。夏禹、商汤、周文三位帝王对待百姓犹如慈母怕婴儿啼哭而急忙用乳汁喂养一样。到了齐桓、晋文、楚庄、秦穆、吴阖闾五霸治理国家时，就动用了刑罚。利国利民的大道理何时才能得以实行呢？唐太宗曾指着宫殿对他下面的侍臣说："治理天下犹如修建这座宫殿，营造完毕，不要频繁改动。如果移动一条椽子，拨正一片瓦，宫殿经过践踏动摇，必定有受损害的地方。

菜根生光

苏世长勇犯天威

作为君主，手中握有至高无上的权力，龙颜一怒，可不比平常百姓的发急，那是要让人掉脑袋的，所以很多臣子宁肯少说不说，也不肯贸然触犯天威。

唐武宁四年，伪郑皇帝王世充在东都开封兵败投降后，他的行台仆射苏世长，才在汉南一带献地投诚。苏世长与唐高祖李渊原来有一些私交，李渊对他这么晚才来归降很不满意，加以责备。苏世长跪在地上深深地叩了三个头说："自古以来，帝王奠定天下，开辟新朝，被比作同大家一起竞争，共逐一只斑鹿；最后一个取得胜利，别的人就都罢手了。当胜利者获鹿之后，怎么能去忌恨当时一起赶鹿的人，追究他们争吃鹿肉的罪过呢？"

李渊觉得苏世长说得很有道理，不禁转怒为笑，宽释了他。

有一次苏世长看到李渊建造了一座十分富丽堂皇的宫殿，他里里外外地观看了一遍，问李渊道："这是不是以前隋炀帝建的？怎么如此堂皇？"李渊心中极为不满地说道："难道你不知道是我建造了这座宫殿，何须假装痴呆，怀疑是隋炀帝建造的呢？"

苏世长说："臣确实不知是陛下建造了这座宫殿。只见整个宫殿顶上使用的是极其豪华的琉璃瓦，我记得过去商纣王建造鹿台时用了这样的瓦。这绝不是接受天命在人间称帝的人所应该做的，他们只应该以节俭为本，如果是陛下建造的，我觉得非常不适宜。臣过去在武功（今属陕西省）追随陛下时，看到陛下所住的房屋，仅仅能够遮蔽风霜，非常俭朴，而陛下也认为可以满足了。回想隋炀帝那时，铺张浪费，劳民伤财，人民无法生活下去；后来天命移到陛下身上，正应该以他的奢侈淫逸为戒，不应忘记创业时的俭朴和艰难。现在陛下却在隋朝遗留下来的宫殿里边一步雕绘装饰，挥霍人民的财力，这样怎能做到拨乱反正，重新整治天下呢？"

苏世长极力谏劝皇帝纠正错误的话语，总是讲得十分有道理，虽然言辞上锐利了一些，但李渊往往能容忍下来。他前后多次这样做，对唐代初期政治上的发展，带来了不少好处。

不久，李渊带领朝中的一班大臣，丢下一切朝廷事务，到京城郊区的高陵打猎，苏世长也被召参加。这一天猎获很多，李渊命令把所有猎获的飞禽走兽全陈列在皇帝帐幕前用旗帜临时组的门下，然后十分得意地向大家说："今天打猎打得高兴吗？"

苏世长抢先回答："陛下率领功臣出来打猎，放弃一切重大朝务，还不到十旬，怎能够说得上快乐呢？"

苏世长大胆、锋利的讽刺，一下子使李渊脸色全变了。但很有天子气度的李渊，立刻强压怒气，冷笑一声说："苏卿，你的狂态又发作了吗？"

苏世长毫不让步，回答说："如果臣仅仅是为了自己考虑，这确是一种狂态；如果我是为陛下的国家考虑，这可是一片忠心啊！"

李渊听了，无话可说，只得带着扫兴的情绪，传命收队回到长安。李渊深知苏世长是为国家为社稷才这样违逆自己，故而也没有更多地怪罪他。这是他懂得作为人君应该怎么对待臣下对自己的冒犯。

张弘范大智劝上

有时候不去违逆他人，冒犯他人，也能把事情办好，这需要有冷静的分析，还要看针对什么人。

张弘范是元世祖忽必烈的一员大将。至元二年（公元 1265 年），张弘范被调到大名驻守。这一年当地恰好涨大水，老百姓的房屋被淹，良田被毁，很多人被迫背井离乡去要饭。张弘范同情老百姓的遭遇，未经奏请就免了当年的租税。后来朝廷知道了，一些奸邪小人趁机向皇上捏造张弘范的各种罪名。皇上信以为真，就给他定了个独断专权的罪名。

张弘范一听便火了。但他知道皇上忽必烈的脾气，如果自己冒冒失失与皇上论理，惹得皇上生了气，那可不是闹着玩的，身家性命难保不说，还要落下个骂名。但他也知道皇上还是很讲道理的。所以，张弘范决计陈明道理，让皇上懂得自己这样做的原因。

张弘范于是奏请入朝进见皇上。他对皇上说："臣擅作主张免除租税，理当受罚。但是微臣认为，朝廷在小仓储备，不如在大仓里储备。"忽必烈一听，不知他说的是什么意思，便问"这是怎么说?"张弘范侃侃而谈，回答说："今年大名洪水泛滥，老百姓痛苦不堪，庄稼几乎颗粒无收，自己糊口还有难处，哪还有税粮上交? 即使强迫收取到百姓的租税，国家的仓库虽然充实了，可是百姓因此都饿死了，第二年的租税从哪里收取? 所以，微臣认为，不如今年暂缓收税，使百姓都能活下来，让他们不致流落他乡，那么年年都会有租税可收，这不是陛下的大仓库吗?"

周文靖《枯木寒鸦图》

皇上听了，觉得张弘范言之有理，不仅有大勇，而且有大智，便微笑着对张弘范说："你很懂得大体，朕就不再问你的罪了。"

江朝宗吃回头草

旧社会官场政坛，世态炎凉，得势时，众星捧月，宾客盈门；失势时，门庭冷落，无人问津。然而，官场风云变幻莫测，有时难免押错宝，下错注，此时，吃"回头草"的事情在官场上也是司空见惯的。

清末民初，著名投机政客江朝宗叛依袁世凯就是一例。

甲午战后，袁世凯的北洋势力迅速崛起，袁世凯继李鸿章之后担任直隶总督兼北洋大臣，手中握有六镇新军，是当时权倾朝野的实权人物。投机政客江朝宗找关系走后门终于攀上了老袁这棵根深叶茂的大树。为了讨好袁世凯，江朝宗不惜破费钱财上下打点，终于取得了老袁的信任，为自己打开了升官发财之路。

谁知天有不测风云，人有旦夕祸福。1908年慈禧和光绪帝相继死去，载沣摄政。为报袁世凯在戊戌变法时出卖其兄光绪帝的一箭之仇，载沣上台后首先罢免了袁世凯的官职，将他开缺回籍。老袁失势后，满清亲贵铁良任军机大臣、陆军部尚书，成为当时朝中的实权人物。

江朝宗本是个趋炎附势之徒，看到老袁失势，后悔莫及，只怪自己当初走错了庙门白花了那么多冤枉钱。经再三考虑之后，他决定改换门庭投靠铁良。

江朝宗带了厚礼，面见铁良，二人臭味相投，经江朝宗一陈吹捧赞扬，铁良已飘飘然。这时江朝宗趁机献策说："袁世凯的六镇新军不听调遣，不如将他们分开，另外还要在北京设立一个稽查处，专门处置新军中有越轨行为的官兵。这样才能逐步铲除袁世凯在新军中的势力。"

铁良此时正为如何控制新军的事发愁，听了这一计策，正中下怀，对江朝宗十分赏识，予以重用。

江朝宗由此得志，每天坐着八抬大轿，前呼后拥，不可一世。

但是，好景不长，几年后袁世凯东山再起，清朝灭亡，民国兴起。老袁当上了中华民国大总统，又成了炙手可热的人物。

江朝宗看到袁世凯重新得势，便只好吃起了"回头草"。他带上厚礼，拜见老袁，痛哭流涕地向老袁表白心迹，说明自己的一片忠心。老袁明知江朝宗是个趋炎附势之徒，但此时正是用人之际，自己当总统少不了要有些吹喇叭抬轿子的，便不计前嫌重新启用了江朝宗。江朝宗心里也明白，自己过去有叛袁劣迹，此时只有在老袁面前倍加卖力地表现自己才能取得信任。于是，便不择手段地替老袁搜集情报，铲除政敌。袁世凯恢复帝制前后，江朝宗马不停蹄地前后奔走，组织请愿团向袁氏"劝进"。由于江朝宗的出色表演，袁世凯终于尽释前嫌委以重任。

姜子牙弃暗投明

　　中国有句老话叫作："忠臣不事二主，好女不嫁二男。"其实，持这种观点的人未免过于愚腐。常言道，良禽择木而栖，倘若遇到一个不赏识你的上司，整天度日如年处于水深火热之中，尽管你使尽浑身的解数也永无出头之日。在这种情况下，弃暗投明改换门庭也并不是什么难堪的事。"男怕入错行，女怕嫁错郎。"天下如此之大，又何必吊死在一棵树上呢？

　　中国著名谋略家吕尚，就是一位跳槽攀高枝的行家。吕尚俗称姜子牙，是我国上古时期最为著名的政治家和军事家。姜子牙生活在商朝末年，当时纣王无道，荒淫无度，社会矛盾急剧激化。与此同时，商王朝的诸侯周国迅速崛起，国君西伯昌（后为周文王）励精图治有取代殷商之势。姜子牙生逢乱世，虽有经天纬地之才，无奈报国无门，潦倒半生。他曾在商王宫中做过多年吏卒，虽然职低位卑，却处处留心。他看到纣王沉缅酒色，荒废国政，几次想冒死进谏。一则想救民于水火，则可以因此受到纣王赏识，求得高官厚禄。然而姜子牙后来见到大臣比干等人皆因直谏而丧生，只好把话咽回肚中，他料定商朝气数将尽，纣王已不可救药，自己不愿糊里糊涂地替纣王殉葬。于是，他决定另攀高枝，改换门庭。

　　当时，西伯姬昌立志复兴周国，除掉纣王，求贤若渴，正是用人之时。吕尚为了引起西伯姬昌的注意，便在渭水之滨的兹泉垂钓。这个地方风景秀丽，人迹罕至，是个隐居的好地方。姜子牙并非要老死林下，而是在此静观世变，侍同而行。

　　这一天，吕尚听说西伯姬昌要来附近行围打猎，便假装在兹泉垂钓。这时候，姜子牙还是个无名之辈，西伯姬昌当然不会认得他，但姜子牙却在朝歌见过西伯姬昌。为了引起西伯姬昌的注意。姜子牙故意把鱼钩提离水面三尺以上，钩上也不放鱼饵。果然，西伯姬昌觉得奇怪，便走上前问道："别人垂钓均以诱饵，钩系水中。先生这般钓法，能使鱼上钩吗？"

　　姜子牙见西伯姬昌对人态度谦和，果然是个非凡人物，便进一步试探道："休道钩离奇，自有负命者。世人皆知纣王无道，可是西伯长子就甘愿上钩。纣王自以为智足以拒谏，言足以饰非，却放跑了有取而代之之心的西伯姬昌。"

西伯姬昌闻言，大吃一惊。心想："这位老人身居深山，何以能知天下大事？更为不解的是，他怎能把我西伯姬昌的心迹看得这么透彻？定然不是凡人！连忙躬身施礼，说道："愿闻贤士大名？"

"在下并非贤士，老朽吕尚是也。"

刚才偶听先生所言，真知灼见，字字珠玑，不瞒先生，在下就是你说到的西伯姬昌。"

姜子牙装出吃惊的样子，惶恐地说："老朽不知，痴言妄语，请您恕罪。"

西伯姬昌连忙诚恳地说道："先生何出此言！今纣王无道，天下纷纷，如先生不弃，请您随我出山，兴周灭商，拯救黎民百姓。"

姜子牙假意客套了一番，随即同西伯姬昌一起乘车回宫，一路上纵论天下大势，口若悬河。西伯姬昌如鱼得水、相见恨晚，回宫之后，立即拜吕尚为太师，倚为心腹。从此以后，姜子牙官运亨通，飞黄腾达。

桓公淡泊成霸业

帝王也好，诸侯也罢，都不能没有威信。没有威信，则无以立国，无以御下。但威信不是上帝赐予的，不是别人赏赐的。威信，是靠自己的言行来树立的。我们说的春秋五霸，战国七雄，都是当时有实力、有威信、能服众的诸侯。他们是如何建立自己威信的呢？

春秋初期，齐桓公刚刚当上诸侯盟主的时候，居住在北方的戎族经常侵扰中原国家，威胁很大。有一次，北方的燕国又受到山戎的侵犯，燕国国君就派人到齐国来求救。齐桓公和管仲一商量，认为征服北方的山戎，既可救燕国之危，提高齐国在诸侯中的威信，又可解除自己的后顾之忧，以便集中力量对付南方的强敌楚国，于是决定亲自率领大军去援助燕国。结果，桓公和管仲与燕庄公一起率领军队，经过十分艰苦的追击，一直打到北方的孤竹国，不仅打垮了山戎，还灭掉了孤竹国，山戎的首领密卢和孤竹国君答里哈都被除掉了。

齐桓公胜利以后，决定把原来山戎和孤竹方圆五百余里的土地送给燕国。燕庄公不敢接受，说自己是靠齐国的帮助才保全了国家，怎么还敢要这么多土地呢？齐桓公就对他说："这些地方离齐国很远，我也没法来管理。这些地方很重要，只要你能治理好，使戎狄不敢再来侵犯，并按规矩向周天子进贡，我也就满意了。"于是，燕庄公接受了这五百里土地。齐桓公回国时，燕庄公为了表示感激，热情地亲自送齐桓公。两人谈得很投机，结果不知不觉送出了燕国国界五十多里。齐桓公发现后，对燕庄公说："按周礼的规矩，诸侯送诸侯，是不能送出自己国家边境的。我怎么违礼呢？"他坚持又把这五十里齐国的土地给了燕国。这样，燕王就可算没送出国境。

齐桓公去救燕国，主要是为了提高自己的威信，进一步确立齐国的霸主地位。他把山戎、孤竹的五百里土地和齐国的五十里土地送给燕国，正是要向诸侯们表示自己不

朱德润《林下鸣琴图》

贪图财富，做事公道。结果，当时的各国诸侯知道了这件事，都对齐桓公很敬佩，齐桓公的威信更高了，齐国的霸主地位进一步得到了各国的承认。

作为诸侯，齐桓公当然希望国土更大，财富更多。但桓公刚当霸主，根基未稳，若此时他便野心勃勃，攻城掠地，不讲信誉，不顾礼义，那他必然会失去其他诸侯的信任。聪明的桓公对上尊崇周天子，循规守矩，讲究礼节，对其他诸侯国扶危济难，慷慨相助，这样，他的霸主权威自然就确立了。联系现实，我们注意到一个小小单位，若领导见困难不帮，见好处就捞，那他自然不会有什么威信。一个领导，为人正派，乐于奉献，淡泊名利，关心他人，无疑会赢得众人的拥戴。

威信确立后，齐桓公霸业发展顺利，后来他便公开干预周王室王位之争，周惠王死后，拥立太王郑为王，是为周襄王。公元前 651 年，他再次会盟诸侯，霸业达到盛极之顶。

智伯纵欲难自保

人类是欲望的奴隶，不管多么贫贱的人，也或多或少有与其相符的欲望。无论拥有多大的权力，也不会使欲望断绝。

人们的某个欲望一旦获得满足，必定会出现更高的欲望。欲望是永远得不到满足的。一味地追求贪欲而迷忘本性，往往会使人沉湎物欲、权势之欲，一去而不知返。在官场中降低欲望的其中一个办法就是尽可能地节制欲望。

《庄子》中有这样一则故事，生动形象地讲述了追述欲望所遭遇的后果。

曾经有一次，庄子在茂密的树林之中打猎，忽然看见一只形状奇异的鹊鸟从南方飞来，碰着庄子的额头飞过去，停在树林里。庄子十分纳闷，不解其意："这是什么鸟？有这么大的翅膀，可是却不高飞；有这么大的眼睛，却连人都看不见。"因此，他就悄悄的跟随着那只鹊鸟进入了树林。仔细一看，才发现鹊鸟在树荫里对准了一只螳螂，而这只螳螂正举起臂膀准备捕捉一只在树枝头上鸣叫的蝉。螳螂与鹊鸟都是被眼前的利益所蒙蔽，却没有察觉自身面临的危险。庄子见了这种情形，不禁叹道："唉！凡是互相有利的事物，必然互相拖累；有心谋害他物，就招到别物来谋害自己。"

"螳螂捕蝉，黄雀在后"这个寓言告诫人们：欲望不可过大，当你的欲望对准了某个事物的时候，一定要审时度势。你若贪求官场上的名利，就必然要担心官场的倾轧；若是贪图钱财，也要担心别人凯觎你所拥有的财产。因此，只有节制自己的欲望，才能更快乐的生活。

春秋末期，晋国有一个当权的贵族人叫智伯。此人虽名为智伯，其实一点也不聪明，反之，却是个蛮不讲理、不节制贪欲的人。自己本来有很大的一块封地，但还嫌不够。

一次，智伯居然无缘无故地向魏宣子索取土地。魏宣子也是晋国的一个贵族，他非常讨厌智伯这种无理的行为，不愿给他土地。可他的一个很有心计的臣下任意，却对宣子说："您还不如把土地给智伯。"

宣子不解任章的意思，便问："那么，你认为我凭什么要白白地送土地给他呢？"

任章解释说："他无理索取土地，一定会引起邻国的恐惧，所以邻国也会因此而讨厌他；智伯如此利欲熏心，一定会不知满足，到处伸手，这样就会引起整个天下的担忧。假若您给了他土地，他便会顺势更加骄横起来，误以为别国都很怕他，也就会轻视他的对手，而更加肆无忌惮地骚扰别国。因此，他的邻国也就会因为害怕智伯、厌恶智伯而联合起来一起对付他，那他就不可能这样长久下去了。"

见宣子点头称是，似有所悟，任章顿了一下，继续道："《周书》上曾说'将要打败他，一定要暂且给他一点帮助；将要夺取他，一定要暂且给他一点甜头'，正是说的这个道理。因此，您不如先暂时给他一点土地，让他更骄横起来。再者，假若您现在不把土地给他，他就会把您当作他的靶子，先向您发动进攻。所以您还不如让天下所有人都与他为敌，使他成为众矢之的，以保全您自己。"

魏宣子听了，高兴不已，立即改变了主意，答应割让一大块土地给智伯。

在尝到了不战而胜、不劳而获的甜头之后，智伯又伸手同赵国要土地。赵国不答应，于是他派兵攻打赵国，围困了晋阳。此时，韩魏联合，趁势从外面攻打进去，赵国在里面接应，这样里应外合，灭亡了智伯，正是在任章的意料之中。

可见，不节制贪欲，给自己带来的后果是极其可怕的。若是官场上贪欲过重，则很有可能被他人利用这一弱点而被击败。所以，忍贪、节欲是一种明智的表现。

班超为国释旧嫌

一个有头脑的政治家应该能够权衡个人利益与集体、国家利益之间的轻重，不能因贪图个人利益而损害大局。

东汉时，班超一行人在西域联络了很多国家与汉朝和好，但是龟兹恃强不从。

于是，班超就决定去结交乌孙国。乌孙国王派使者到长安来访问，受到了汉朝友好的接待。当来使告别返回的时候，汉章帝还派卫侯李邑携带了许多礼品同行护送。

经过天山南麓来到于阗时，李邑等人得知龟兹攻打疏勒国的消息。李邑十分害怕，不敢前进，于是上书朝廷，造谣中伤班超只顾在外边享福，拥妻抱子，不思中原，还说班超联络乌孙，牵制龟兹的计划根本行不通。

李邑从中作梗，班超知道了叹息说："我不是曾参，被别人说了坏话，恐怕是难免见疑。"又给朝廷上书，申明龟兹攻打疏勒的原由。

班超的忠诚，汉章帝是深信不疑的，便下诏责备李邑说："即使班超拥妻抱子，不思中原，难道跟随他的一千多人都不想回家吗？"诏书还命令李邑与班超会合，并受班超的节制。汉章帝又诏令班超收留李邑，与他共事。

接到诏书，李邑只得无可奈何地去疏勒见了班超。

然而，班超并不计前嫌，很好地接待了李邑。他改派另外的人护送乌孙的使者回国，还劝乌孙王派王子去洛阳朝见汉帝章帝。乌孙国王子启程的时候，班超还打算派李邑陪他一同前往洛阳。

有人劝班超说："过去李邑诽谤将军，破坏将军的名誉，趁此机会正好可以奉诏把他留下，另外派别人执行护送乌孙国王子的任务，怎么你反倒放他回去呢！"

班超微笑着说："如果留下李邑的话，那么我的气量就太小了，正是因为他曾经说过我的坏话，所以才让他回去的。只要是一心为朝廷出力，就不怕人说坏话。若是只为了自己一时的痛快，公报私仇，把他扣留，那岂是忠臣所做的事呢？"

李邑知道这件事以后，对班超十分感激，从此再也不诽谤班超及其他人了。

豪斯献策有绝招

美国第28任总统伍德罗·威尔逊，在他鞍前马后工作的许多人，都觉得他是"一扇老橡木做的门"，任何新鲜的意见都被毫无例外地拒之门外。

威尔逊有才能、自负，所以对别人的意见往往瞧不起，要么不采纳，要么根本不予理睬。但是，有一个人例外，这个人就是他的助理豪斯。豪斯的绝招就是巧媚上司。

豪斯自己说，有一次，他被单独召见，他明知总统不容易接受别人的建议，但还是尽自己所能，清楚明了地陈述了一种政治方案。因为他苦心研究过，自认为相当切实可行，所以说得理直气壮。然而他没有得到与其他同事不同的命运。威尔逊当即表示："在我愿意听废话的时候，我会再次请你光临。"

但是数天之后，在一次宴会上，豪斯很吃惊地听到威尔逊正在把他数天前的建议作为总统自己的见解公开发表！这件事，使豪斯大彻大悟，懂得了向总统贡献意见的最好方法：避免他人在场，悄悄把意见"移植"到总统的心中。开始，使总统不知

华嵒《金谷园图》

不觉地感到兴趣，然后使这计划可以作为总统自己的"天才构思"而公之于众。最后，使总统坚定不移地相信是他本人想出了这个好主意。换句话说，不用强调某某计划是豪斯的主意，为了使一个好的计划被总统采纳，就得自愿牺牲"版权"，而把"版权"让给总统，并且是悄悄地、神不知鬼不觉地转让。这样，他的计划就能顺利地被总统采纳。

例如，1914年春季，豪斯奉命赴法国做外交上的接洽。出发前，威尔逊原则上同意了豪斯的计划，但态度相当谨慎，距离被正式批准还相当遥远。豪斯到巴黎后不久，寄回了他同法国外长的谈话记录。在谈话中，豪斯把自己想出、经总统谨慎同意的计划，说成是"总统的创见"，并热烈赞扬说，这是"天才，勇气，先见之明"的表现。看了记录，威尔逊总统毫不犹豫地正式批准了这个计划。计划的实施，给两国带来巨大的利益。豪斯为自己实际发挥的作用由衷地高兴。同时威尔逊总统也更加由衷地喜欢豪斯，对他更加倚重。

但有一件事是永远心照不宣的，豪斯从来不表示某项计划是他想出来的。若干年后，豪斯说道："我不愿意称那些计划是我的，并不仅仅出于讨总统喜欢。我的计划充其量是一棵树种，要长成参天大树必须有土壤、水分、空气和阳光。只有总统才有这些条件。把树种变成大树的，公平地说，是总统。我只不过把种子移到了总统心中。"

在威尔逊执政期间，豪斯都采用这种简单而有效的"种子移植"的策略。然而他对威尔逊的影响，比当时成群的政治领袖加在一起都大。事后，人们方才窥见豪斯的秘诀，并称豪斯为"移山倒海"的大师。

虞丘子主动让贤

为言者不宜忌贤妒能，而应广开贤路。下面的例子或许对仕途人士有所教益。

虞丘子是春秋时期楚国令尹，他协助楚庄王攻城略地，成为中原盟主，立下了汗马功劳。

出人意料的是有一天，他却跑去向楚庄王辞职。庄王当然不答应，于是虞丘子说："我听说奉公执法，就能够得到荣耀；才德浅薄，就不能指望得到高的地位；没有仁义智慧，就不必追求显赫尊荣；不能显示自己的才能，就不必占据那个职位。我做令尹已经十年了，国家没有治理得更好，案件纠纷不断，隐士干才没能发掘出来，邪恶祸乱没能消除干净，长久地占居高位，妨碍了众多贤才的进升之路。（久居高位，妨群贤路。）这样白白地占着位置不干事，而且一占就是好些年，我真该受到国法惩治了！"

楚庄公听他这自责，很是不解：这位老臣究竟是什么用意呢？

只听虞丘子继续说："我私下选中了一位治国之才，叫孙叔敖。他虽然有些儒雅瘦弱，但性情活泼，十分能干。君王您如果能把国事交给他，肯定能使天下大兴，百姓和睦。"

楚庄王终于明白了虞丘子的一番苦心，但始终有些难以置信，更有些不舍："因为有了你的辅佐，才使我作了中原盟主，号令远播，百姓归附，称霸诸侯。没有你，我怎么办呢？"

虞丘子恳切地说："呆在官位上不肯下来的人，是贪婪而卑鄙的；不能举荐贤能的人，是邪恶的；不能让贤就位的人，是偏私的。（久固禄位者，贪也；不进贤达者，诬也；不让以位者，不廉也。）有了这三条，就是不忠。作为臣下，不能忠君，这怎么行呢？所以坚决请求辞职。"

听罢虞丘子的肺腑之言，楚庄王很是感动。他依从了虞丘子的请求，赏赐他食邑三百户。

徐世昌官场不倒

不偏不倚，亦即中庸。这是儒家思想的精髓，也是不少人做官处事的法宝。持中庸之道，不得浮躁，超然于派系斗争之上，不过分亲谁，疏谁；持中庸之道，良心不能大大的好，见人搞阴谋活动，要装瞎子，听人拨弄是非，要装聋子；持中庸之道，也不得讲原则，好人要帮，坏人也要帮。持中庸之道，得削磨棱角没个性，似人似鬼，任人评说；持中庸之道，也不等同消极软弱，进得快，退得也很快，见好就收，知足常乐。

"八面玲珑，左右逢源"不失为一种应变招数，用之以应付官场之变绰绰有余。由此以来，你的敌人就少，你的形象就好，你的官位就稳。

徐世昌，人称"三朝元老"。慈禧掌权时，他做过军机大臣；载沣当政时，他做过邮传尚书；袁世凯任总统时，他做过国务总理；段祺瑞执政时，他做过总统。可以说，他是个地道的不倒翁。

徐世昌在军界横行乱世，一个无兵、无地盘的文人，何以位及显要？

有人总结了徐世昌为官四条经验：

一曰圆通。也就是说，他说话圆滑，模棱两可，有伸缩余地；做事八面玲珑，能左右逢源。比如宣统逊位之后，他依旧保持与"朝廷"的关系，不忘旧主，心念皇恩；同时又成了袁世凯的"相国"，两面讨好，双方渔利。

二曰沉稳。他遇事固定缄默，不急于表态，对于争议，要故意回避，多听他人意见。因而没有十拿九稳的把握，他决不轻举妄动。

三曰柔韧。以静制动，以柔克刚，必要时哼哼哈哈，转弯抹角，宁可做臭皮囊软磨硬泡，待对手力竭而胜之，不可逞一时刚勇而折弓。

四曰机警。专注风云变幻，而决不为天下先，也不落人之后；时机不来，则耐心苦待，时机到时则狠狠抓住。

这四条归纳起来就是两个字："中庸"。那么，徐世昌究竟如何实践这一理论的呢？

袁世凯死后，北洋军阀分裂，一派是皖系以段祺瑞为首；一派是直系，以冯国璋为首。这时，徐世昌仍然是超然于派系之外。

1917年，张勋复辟失败，黎元洪下台，冯国璋继任大总统，段祺瑞任政府总理。

冯、段二人貌合而神不合，虽同为北洋系，但二人手中有地盘，有军队，双方谁也不买谁的账，窝里斗是不可避免的。

段祺瑞把持着政府，掌握实权，据此想把冯国璋当作黎元洪，而作受他操纵盖章的机器，是不可能的，冯国璋处处拆段祺瑞的台。

段祺瑞对南方用兵，想统一天下，冯国璋指示直系的军队不战而退，使皖系军队失利。

冯国璋与段祺瑞交恶，梁士诒请徐世昌出面调解。徐说："往昔府院明争，我能解。今乃暗斗，我没办法，做不到。"徐世昌太聪明了，他不想得罪任何一方。

南北双方再战，北洋军直系的后起之秀吴佩孚一路取胜，直打到衡阳，但不久，吴佩孚就通电主和，公开攻击段祺瑞的"武力统一"政策"实亡国之政策"。

为了倒冯，段祺瑞表示要与冯国璋同时下野，这样给冯国璋一个面子。

9月4日，正在双方斗得不可开交时，安福会举行总统选举会，徐世昌当选中华民国总统。

冯国璋在与段祺瑞相斗中失败，表示要"返我林泉"，不再出山。

段祺瑞辞去国务总理的职务，但却以参战督办的名义，仍然控制着实权。

徐世昌则毫不费力地捡到一个总统。这就是"鹬蚌相争，渔翁得利"。

虽说徐世昌这总统的权力不大，但总归是个总统。

徐世昌做官时间长，对上层的勾心斗角了解最深。在他做官时，尽量避免卷入政治斗争的漩涡，对官员们能保则保，能帮则帮，是个"大好人"，但他一旦看清形势，也是很果断的，敢做敢为。大凡行"中庸之道"的人，一向性格怯弱，徐世昌敢做敢为，又行"中庸"，二者兼有，实属"难得"。

下面看看他在清朝时的行为。

徐世昌是 1905 年入值军机处的。在军机处，他仍行"中庸"的为官之道。

军机大臣当时是庆亲王奕劻，他与袁世凯关系密切，当时与奕劻和袁世凯对立的是瞿鸿机。

瞿鸿机在他任期内干了三件大事：

（1）否决了袁世凯欲推奕劻任总理组阁的建议。

（2）赞同新设立的陆军部收回北洋六镇。

恽寿平《春山暖翠》册页

（3）供奕劻父子收贿纳妾为时议不容，向慈禧建议解其军机大臣，举醇亲王载沣以代之。

瞿鸿机与袁世凯、奕劻对立，对徐世昌却颇有好感，他"独信徐世昌，谓其谨厚"。另一位军机大臣鹿传霖，又以乡谊与徐世昌亲近，因此，徐世昌在军机处颇为得意。

徐世昌与瞿鸿机亲近，与袁世凯更近，在清末著名的"丁未政潮"中，岑春煊对慈禧痛言奕劻贪黩误国，要求罢奕劻之职，但后来，奕劻却保住了自己的权位，还与袁世凯一起反击。结果岑春煊被罢职。

袁世凯在给两江总督瑞方的密信中说："幸大老（奕劻）平时厚道，颇得多助，复出此内外夹攻之厄。伯轩（世续）、菊人（徐世昌）甚出力，上（慈禧）怒乃解。"

由此看来，徐世昌为保奕劻出了力。

徐世昌不得罪奕劻，也不得罪瞿鸿机。奕劻与瞿鸿机暗斗，奕劻总想把瞿鸿机挤出军机处。袁世凯对瞿早有不满，奕、袁二个商议，以瞿鸿机当时兼外务部尚书为由，派他出洋，他自然无法推卸，只能离京启程。奕劻、袁世凯让徐世昌在军机处提出此议，这下子，徐世昌为难了。瞿听了徐世昌的话，一下子就明白了，他说："我老了！不能远涉重洋，还是让年富力强的人去吧！"徐世昌随机应变，立即改为自请成行，给了瞿一个台阶，瞿对徐十分感激。

徐世昌看上层斗争太激烈，难以应付，就请调东北三省总督，避开了官场激烈斗争的漩涡。

这不失为明智之举。

1908年，光绪、慈禧死去，溥仪入继大统，其父载沣做了摄政王。

载沣为了打击北洋势力，将袁世凯开缺"回籍养疴"。徐世昌在此危急关头，激流勇退，采用以退为进的方法，疏请开缺，清廷却以他"向为办事认真，自应力任其艰"，驳回了他的辞职申请。

不久，徐世昌离开东北，入京就任邮传部尚书。

1910年，载沣又提任徐世昌任军机大臣，授体仁阁大学士，享受了清代文臣的最高荣典。

1911年5月，清廷颁布内阁官制，反内阁办事暂行章程，设立责任内阁，奕劻为总理大臣，那桐、徐世昌为协理大臣。

1911年10月10日，武昌起义爆发，清政府派北洋军前去镇压，但北洋军"只知有宫保（袁世凯），不知有朝廷"，因而作战不力，很快南方各省纷纷独立。

徐世昌看到，这是一个不可多得的历史时机，必须靠他的密友袁世凯出山，收拾残局，于是加紧活动。

溥仪在其回忆录中写道："袁世凯的'军师'徐世昌看出了时机已至，就运动奕劻、那桐几个军机大臣一齐向摄政王保举袁世凯，并以辞职、不上朝要挟，逼得载沣无策，最后乖乖地签发了谕旨：授袁世凯钦差大臣节制各军。"

有人说，袁下野后，徐世昌是他在北京的"灵魂"，此话有一定的道理。

裴宪正直石勒赏

耿直与清廉是为官之本，也是为官者的美德，晋朝的裴宪与荀绰就是以耿直与清廉而留名于后世。

裴宪先后担任过黄门侍郎、侍中，和豫州刺史、北中郎将等职。后来王浚又任命他为尚书。王浚是西晋帝国的大司马、大都督、都督幽冀诸军事，权势极大。

公元 314 年，汉赵（前赵）帝国的征东大将军石勒，用闪电战夺取了幽州州城蓟县（在今北京市西南），抓获了一心想当皇帝的王浚。石勒大开杀戒，不仅处死了王浚，而且屠杀了王浚所属的精兵一万人。王浚原来的部将、属官和幽州的士大夫们都吓坏了，一个个争先恐后地跑到石勒的营门去请罪，呈献的金银财宝交错相叠，如座小山。

但是，在这喧闹一时的请罪、献金"浪潮"中，有两个人却在家里稳坐不动。一个是从事中郎荀绰，另一个就是尚书裴宪。

石勒早就听说过他们两人的名声，知道他们不来谢罪的事情后，就立即派人召见他们。

石勒对他们说："王浚在幽州暴虐无道，人鬼共愤。我现在兴兵诛杀王浚，拯救百姓于水火之中，大家都来庆贺、谢罪，请求得到宽恕；独独你们两人不来，是何道理？你们还在和王浚同流合污，不知改悔，难道就不怕杀头吗？"

裴宪、荀绰并不为石勒的威胁所吓倒。裴宪神色坦然地说："我们几代人都受到晋王朝的恩惠和荣耀。王浚虽然粗暴凶恶，行为不端，但他还毕竟是晋王朝的封疆大臣，我们怎能怀有二心？既然明公不准备以仁义教化天下，而一定要用酷刑治理幽州，那么，被您杀死，就是我们的本分，为什么要逃脱呢？请把我们交付给有司杀了吧！"

说完，他和荀绰不拜石勒，转身就走。

石勒非常赞赏他们的气节，赶忙请他们留步，亲自下座，向他们道歉，用对待宾客的隆重礼节来招待他们。

王浚的亲信枣嵩、游统等，是最早向石勒请罪、献金的几个人。石勒却下令把他们全都杀了。他指责枣嵩等人贪赃枉法，扰乱法令，是幽州的一害；游统等人对主人不忠，所以杀无赦。

接着，石勒又下令清查王浚及其部将、属官、亲戚的家产，发现他们每一家都有数至巨万的不义之财，惟独裴宪和荀绰二人家里，只有一百来本书和食盐、谷米各十余斛。

石勒听了清查报告后，对他们二人愈加钦佩，说："裴宪和荀绰真是名不虚传啊！这次战斗的胜利，我不喜得到了幽州，我喜在得到了裴宪和荀绰这二位廉洁、忠贞之臣啊！"

于是，石勒任命裴宪为从事中郎，荀绰为参军。

裴宪后来在石勒父子手下做官，一直做到右光禄大夫、司徒、大傅，封安定郡公，以德高而名重于世。

刘备隐忍避祸端

中国有句俗话，叫做"无官一身轻。"官做到一定份上，退一步，上可得领导赏识；中可保全面子，因为你总有退职的那一天；下可得美誉，欣然退位，为晚生让位，给年轻人一个发挥的机会。何乐而不为？

三国时蜀国重臣杨仪，官至长史。在诸葛亮死后，刘禅依遗言，拜蒋琬为丞相、大将军、录尚书事；晋升费□为尚书令，理丞相事。而杨仪没有升迁，于是心怀不满，就找费□发牢骚。牢骚满腹自有言语不当。说什么孔明死后，把全军的指挥大权交给了他，如果当时带兵投魏，官早做得比现在大了。没料想费□把这件事向刘禅打了小报告，刘禅闻知，贬杨仪为庶人，杨仪自觉羞愧，自刎而死。

杨仪官拜长史，已经不小了，可还是心中不平，争名夺利，心机不正。也无怪乎诸葛亮没有推荐他，而他最终落得被下属笑、自杀身亡的悲惨结局。

人生在世，要把名利看得淡一点，适时退出，保持健康的心态，下属会感激你为他们让出了发展的空间，上司会感谢你没有让他们为难。

何况退出以后，就可以获得更大的自由，种花养草，享天伦之乐。记得萨特曾骄傲地宣称："神祇与国王都有痛苦的秘密，那就是——人类是自由的。"摆脱官场的羁绊，脱离仕途的喧嚣，下属因为感激也会与你常来常往，你仍是他们的老领导，他们是你的老部下，不是更好吗？

在有的情况下，退一步也不是完全退下来而"以退求进"。暂退一时，可保长久，退一步，有时可以进三步，为自己，也为跟随自己的下属的长远发展。忍得一日饥，可得一生饱。老子说过："曲则全，枉则正，窐则盈，敝则新；少则得，夫则感。……古之所谓曲则全者，岂虚言哉？诚全而归之。"

在现实的制度下，不能前进，或仍居原位都会有危险，那就要主动地避让，保存实力，韬光养晦，待机而动。“留得青山在，不怕没柴烧。”当初退一小步，现在就能进一大步。

中国郑燮《丛竹图》

《三国演义》中著名的曹操“煮酒论英雄”的故事讲的正是刘备韬光养晦的策略。

刘备依附曹操后，为防被曹操杀害，就在后园种菜，以示胸无大志，麻痹曹操。

一天，曹操在府中后园小亭里置青梅，放一樽煮酒，邀刘备共饮。酒至半酣，忽阴云压顶，骤雨将至，随从的人遥指在外龙挂，曹操与刘备站在栏杆边观看。曹操曰：“使君知道龙的变化吗？”玄德曰：“未知其详。”曹操曰：“龙能大能小，能升能隐，大则兴亡吐雾，小则隐介藏形；升则飞腾宇宙之间，隐则潜伏于波涛之内，方今春深，龙乘时变化，犹人得志而纵横四海。龙之为物，可比世之英雄，玄德久历四方，必知当世英雄。请试指言之。”玄德曰：“备肉眼安识英雄？”曹操曰：“休得过谦。”玄德曰：“备叨恩庇，得仕于朝。天下英雄，实有未知。”曹操曰：“既不识其面，亦闻其名。”玄德曰：“淮南袁术，兵粮足备，可为英雄？”曹操笑曰：“冢中枯骨，吾早晚必擒之！”玄德曰：“河北袁绍。四世三公，门多故吏，今虎踞冀州之地，部下能事者极多，可为英雄？”曹操笑曰：“袁绍色厉胆薄，好谋无断；干大事而惜身，见小利而忘命，非英雄也。”玄德曰：“有一人名称八俊，威镇九州——刘景升可以为英雄？”曹操曰：“刘表虚名无实，非英雄也。”玄德曰：

"有一人血气方刚，江东领袖——孙伯符可为英雄也。"曹操曰："孙策藉父之名，非英雄也。"玄德曰："益州刘季玉，可为英雄乎？"曹操曰："刘璋虽系宗室，乃守之犬耳！何足为英雄！"玄德曰："如张乡、张鲁、韩遂等辈皆如何？"曹操鼓掌大笑曰："此等碌碌小人，何足挂齿！"玄德曰："舍此之外，备实不知。"曹操曰："夫英雄者，胸怀大志，腹有良谋，有包藏宇宙之机，吞吐大气之志也。"玄德曰："谁能当之？"曹操以手指玄德，后自指，曰："今天下英雄，惟使君与操耳！"玄德闻言，吃了一惊，手中所执筷子，不觉掉落地上。时正值天雨将至，雷声大作，玄德乃从容俯首拾筷曰："一震之威，乃至于此。"曹操笑曰："大丈夫亦畏雷乎？"玄德曰："圣人迅雷风烈必变，安得不畏？"备用闻雷失箸，把自己紧张的心理轻轻掩饰过了，曹操遂不疑玄德，后人有诗赞曰：

> 勉从虎穴暂栖身，说破英雄惊杀人。
> 巧借闻雷来掩饰，随机应变信如神。

曹操对袁绍，孙策、刘表等人的分析可以说入木三分，对刘备的预测也很准确。但还是被刘备蒙混过去，曹操放松了对他的戒心，终于让刘备休养生息，日后果真成为曹操最强有力的对手。

范蠡识时巧辞官

历史是英雄人物的画廊。英雄豪杰能在动荡不安的环境中立足，就在于他能善识时务，顺应客观形势，以调整自己的行为处世，根据时世抓住机会，从而走向成功。

"识时务者为俊杰"关键在于要识时务，对于一个人来说，要见好就收，因势而变。

公元前五世纪，在今天的苏杭一带，有吴越两国。两国虽是近邻，但为了争夺霸业，互不相让，你争我夺，战争连绵不断。后来，越王勾践败于吴王之手，不得不逃之会稽山，忍辱负重与吴国谈和，对方约定，越国对吴国称臣，勾践在吴国服苦役五年。后来勾践回到越国，励精图治，卧薪尝胆，立誓要报仇雪恨。二十年后，终于灭亡吴国，报了"尝便"之耻。这次斗争中，越国大将军范蠡立下了汗马功劳。

范蠡被任命为大将后，自忖：长久在得意之至的君主手下工作是危机的根源。勾践这个人是"只能同甘、不能共苦"的类型，他深知"伴君如伴虎"、"飞鸟尽，良弓藏；狡兔死，走狗烹"的道理。于是他向越王勾践辞职，勾践并不知道范蠡的真实意图，拼命地挽留。但范蠡的心意已定，他搬到齐国居住，自此以后，与勾践一刀两断，不再往来了。

移居齐国后，范蠡不再过问政事，而是与儿子共同经商。由于经商有方，很快就成了富甲一方的大富翁。齐王也看中他的能力，想任命他为宰相，但他婉言谢绝。他深知："在野而拥有百万巨富，在朝则权倾全臣的宰相，这都是一种莫大的人生满足。"可是他也知道"树大招风的道理"，于是他把财产分给穷人，又悄悄地离开了齐国，到了陶地。由于才智过人，很快又成为陶地的一大富翁。

吕用之弄虚位显

说谎做假，容易使人受骗上当。毋庸置疑，这是人性中不诚实的恶劣品格。但我们不妨从积极的一面去理解和运用。为人处世，偶尔一用，也不失为一种聪明的方法。

孔子周游列国时经过蒲国，恰逢蒲国发生叛乱。孔子决定离开这个是非之地，蒲国提出一个条件：不允许他们到陈国去。孔子满口答应下来。可是一出蒲国，他就叫车夫往陈国方向赶。弟子们都说："老师这样做不是太不讲信用了吗？"孔子回答："大信不信。被逼迫作出的许诺，连鬼神也不会相信的。"

"大信不信"。这显然是机智的托辞。如果孔子不撒谎，可能就出不了蒲国，甚至在叛乱中丧生也不足为奇。

我们平常为人处世，也有很多时候需要这种诡诈行为。行诈的方式很多，其技巧也大有讲究。据说有人总结出种种诈骗之道，编成书公开出版发行，那经验之谈确实让人惊诧不已。

唐朝有位江湖术士吕用之，此人凭他的骗术，竟一跃而成为手握重兵的将军。

唐朝大将高骈本是一介武夫，此人最信邪门歪道，尤信神仙。吕用之则是个地地道道的江湖骗子，他抓住高骈好神仙的心理去拜谒他。二人一见如故，高骈立即给他一个军职。吕用之有两个好友，一个叫张守一，一个叫诸葛殷，都通过他推荐给高骈。三人同心协力，用所谓的神仙道术欺骗这位大将军。

高骈与一位武将郑畋有仇。郑畋已经当上了朝中宰相，这些情况吕用之当然是清楚的。一天午后，吕用之来找高骈，神秘而又有些紧张地说："据我求仙掐算，朝中宰相郑畋已经派出一个武林高手为刺客前来刺杀明公，今天晚上就要到了，请明公早自为计，免遭毒手。"高骈大惊失色，鼻尖上立即出现了一层水蒸气，忙请吕用之设计救他性命。吕用之说："此事并不太难，我的好友张守一精通剑术，可以抵挡刺客。"高骈忙派人请来张守一，并以大礼迎进。张守一装腔作势地唬了一阵，最后答应为他抵挡擒获刺客。但要求高骈要远远躲避，因为今天夜间将要出现的是两名武林高手的一场恶斗，免得刀光剑星伤着他。高骈自然唯命是所。

当天夜里，高骈穿了一身女人服装躲藏在邻近院落的一间小屋里，张守一穿着高骈的服装躺在高骈的床上。此日正是月末，又值阴天，夜色漆黑伸手不见五指，这样的夜晚当然也是吕用之精心选择的。高骈也不敢睡觉，伸长耳朵细听自己居室方向的动静。

夜静得可怕，万籁俱寂，一片落叶掉在地上的声音都可听到。将近午夜时分，忽听庭院中咣啷一声，紧接着传出一阵铁器撞击声和二人格斗的声音，叮叮当当的兵器声、你来我往的脚步声响在一起。大约过了两刻钟，声音渐渐消失了，夜又恢复了可怕的宁静。高骈不知结局如何，吓得出了一身冷汗，提心吊胆不敢睡觉，生怕刺客得胜过墙来杀他，一夜也没合眼。

天刚蒙蒙亮，他立刻带着侍卫向自己居室走来，只见庭院和台阶上有几处血污，有的是点点滴滴，有的是成片成滩，好不怕人。只见张守一提着宝剑笑吟吟地站在门口，有些自矜地说："来人果然是一名高手，我如不格外小心，险遭毒手。经过一番恶斗，虽然没有擒获他，但他已负重伤，他的武功已被我彻底废掉，从今而后明公就可高枕无忧了。"高骈见状，万分感激，眼里噙着泪花，紧紧握住张守一的手说："先生对我有救命之恩，再生之德，我一定厚报。"说罢，再赠重金，并委以重要军职。吕用之也因举荐之功破格升为参将。

其实这是一场精心设计的骗局。张守一根本不通剑术，刺客之事更是子虚乌有。吕用之事先准备些铜铁之器，又用厚囊盛了一些猪血。当天夜里，先行潜入其中，等到深更半夜之时，把铜器扔在台阶上锵然有声，接着二人用两根铁棒互相敲击，并不停地交换位置就像格斗一般，胡乱折腾一阵，再把猪血沥沥拉拉地洒在庭院里和台阶上。二人偷着默笑几声后，吕用之就带着全部道具从后门溜出去了。一场戏演完，把个高骈唬得晕头转向，自以为有神仙在帮助自己。两个江湖骗子靠这一套欺诈手段终于蒙住了上司，给自己谋取了高位。

韬光养晦建大业

在古代史籍中，常看到"称病不朝"、"称疾不起"、"愿乞骸骨"之类的字眼，其实，这些"疾"、"病"之类，都是假的，用一句现代俗话说，是"泡病号"，是政治病。

"称病"作为一种政治权谋应用于官场之上，动机和目的都是十分复杂的，有的是鉴于朝政黑暗，称病以求自安；有的是鉴于对手太强，称病以避锋芒；有的是由于目的未能达到，称病以向朝廷示威；有的是时机尚未成熟，称病以掩饰其野心……总之，称病是作为"韬晦"的一种主要表现方式而在官场上，在政治斗争中被时常应用着的。

殷纣王的昏暴，千古以来，人所共知。他这个人不痴不呆，而且天资敏捷，才力过人，敢于徒手同猛兽搏斗。可惜他的才智勇力都没用在正当地方，他沉溺女色，宠爱妲己，作酒池肉林，使男女裸体追逐其间，作长夜之饮。而且他为人极其残忍，对敢于对他表示不满的人，他施以重刑，其中炮烙之刑，即令犯人赤足行走在炙烤得火热的铜柱上，尤为残酷。

这样残酷的统治，终于导致了天怨人怨，众叛亲离。对于大臣们的进谏，他一概不听，大臣们多弃国而逃。他的叔父比干叹道："主上有过不去进谏，这是不忠；害怕处死有话不说，这不算勇敢；敢进谏，不怕死，这是最为忠诚的行为。"他于是去向纣王进谏，纣王不听，他一连三天都不离开。纣王大怒道："我听说圣人的心有七窍，叔父算得上是圣人了，我看看你的心倒底有几个窍！"竟将比干剖心而死。

箕子也是纣王的叔父，担任太师之职，他看到纣王昏暴如此，国事已不可为，便假装疯狂，去给人家作奴隶，就这样也没逃脱纣王的魔掌，还是被囚禁起来，直到武王伐纣以后才被释放。

这大概是历史记载上第一个装病以避祸的事例，在一个病态的、疯狂的社会，正直的人既无力救助，又不愿同流合污，只有以此来避祸远害，洁身自好，也虽不免显得消极，但总比贪恋禄位，与世浮沉要好。

朱棣则以装疯作傻的方式骗过了朝廷的使臣，最后发动军事政变，夺取了政权。

明太祖朱元璋死后，将帝位传给了孙子朱允炆，这个二十一岁的年轻皇帝接到手的，是一根利刺攒集的权杖，这些利刺不是别人，而是他的二十几个辈尊位高的皇叔，他们一个个都被封为藩王，割地而据，坐拥强权，要想保住自己的帝位，必需削夺这些藩王。别的藩王倒还不太难办，最使朱允炆感到棘手的是燕王朱棣。

朱棣是朱元璋的第四个儿子，他生性坚毅沉稳，机智多谋，既英勇善战，又能以诚待人，在创建大明王朝的斗争中屡立战功，颇为朝野所推重，连朱元璋也对他另眼看待。由于前面的三位兄长俱已死去，如今诸王之中以他为长，若能先将这根利刺削掉，其他诸王自然会乖乖地听命。于是，一道削藩的诏书下到北平。

朱棣接到诏书后轻蔑地一笑，他十一岁被封为燕王，二十一岁就藩北平，至今已近二十年。北平是元朝的故都，朱元璋建国之后，把国都定在长江之南的南京，这里便成了偏远的边陲，被驱赶的元蒙残部还不断地前来袭扰，朱元璋将他封到这里，是将保土安民的重任交给了他。他果然不负所望，不但击退了元蒙的侵犯，还多次率部出征，深入沙漠腹地，将蒙古人赶到大漠之北，他的实力也因此而大大地扩张。

他满以为朱元璋会将帝位传给他的，当年朱元璋也曾这么表示过，没想到最后交给了朱允炆，他不得不对这个侄子称臣，对此他耿耿于怀。他一点也看不上这个嘴上没毛的年轻皇帝，生于深宫之中，长于文人之手，拉不得弓，驰不得马。不识稻粱菽麦，不辨善恶贤愚，满脑子装的都是一些什么子曰诗云，仁呀爱的迂谈腐论，哪里有一点帝王的气魄和治国的才器！他正等着朱允炆摆拨不开的时候来收拾残局的，没想到这小子一出手就这么老辣。

但朱棣明白，他现在还不能公开同朱允炆抗衡，便借口有病不出，留在王府内，秘密训练士卒。不料此事被人告发，朝廷派来使臣查问。使臣们来到北平，却发现北平街头有一疯汉，蓬头垢面，衣衫褴褛，在大街闹市之上，边走边狂呼乱叫；走到酒楼饭铺门前，便闯了进去，夺了酒肉饭食就吃，同时还颠三倒四地胡说八道；吃饱了，喝足了，便倒在街头之上呼呼大睡，有时从早睡到晚也不醒来。这个疯汉，便是燕王朱棣。使臣命人将他护送回到王府，并亲自前去探视。那时已是六月盛夏，天气极为炎热，人们赤膊摇扇，还是挥汗如雨，他却围炉而坐，一边烤着火，一边还哆嗦着叫道："太冷了，太冷了！"

朱棣就这样装疯作傻，骗过了朝廷的使臣，于公元1399年7月7日，突然发动军事政变，逮捕了朝廷的使臣，此时，他的病态病容一扫而光，对众人宣布道："我哪里有病，迫于奸臣陷害，不得不如此。"接着兴兵南下，经过三年内战，推翻了朱允炆，朱棣称帝登基，这便是大名鼎鼎的明成祖了。

萧何自毁求自保

受儒家思想洗礼置身旧时代官场的人，除了那些十足的奸佞之辈、利禄之徒，许多人总还是希望生前身后能够留下个好的名声。岂不知这潜伏着危险。某些最高掌权者不只对战功卓著的大将们心怀猜忌，对那些政绩突出、德行优异、名望崇高、口碑传颂的大臣，也是心存嫉恨的：一旦其光芒超过了君上，形成了一种喧宾夺主的势态，灾祸也就快要临头了。

因此，古代大臣中的一些智者，总注意把握住一个分寸，不要使自己的光芒太为耀眼、以致使得君上的形象显得相形见绌、暗然失色，要有意识地掩饰一下自己的美德卓行，甚至故意干出几件不大得人心的事，自毁名声，以使君上得到一种心理上的平衡，从而释疑化妒，以求得自身的安全。

萧何是最早支持并参与刘邦起事的亲信，在反秦灭楚兴汉的事业中立有大功，刘邦在论功行赏时，将他排在功臣之首，并给了他可以佩剑穿履从容入宫朝见的特殊待遇，以示恩宠。

后来韩信被诬为谋反，当时刘邦率兵出征在外，是萧何为吕后设计除掉了韩信，解除了刘邦心头的一大患，萧何由此从丞相提升为相国，封地增加了五千户还给了五百名士卒作他的警卫。朝中大臣无不向他表示祝贺，只有一个叫召平的秦朝遗老独去致哀，对萧何说："你不日将有大祸临头了，如今主上风餐露宿转战于外，而足下坐镇京师，并未立有战功，主上之所以给你增加封地、设置卫队，是由于韩信刚刚谋反，主上对你心存怀疑，以此加以笼络，并非是对你的宠信。请足下让出封赏不要接受，并将自己的家产拿出来资助前方军队，主上必然高兴。"萧何认为他说的十分有理，依计而行，刘邦果然十分高兴。

渐江《疏泉洗砚图》（局部）

又过了一年，英布谋反，刘邦又一次率兵出征，却从前线一再派回使臣回京师打听萧何在干什么。萧何以为皇帝出征在外，他便尽心尽责的安抚百姓，筹备粮食，输送前线，如同他多年来所作的那样。又有人对萧何说道："足下不久将有灭族的大祸了。足下如今位为相国，功列第一，官不可再升，功不可再加，可足下自入关中十几年来，甚得民心。如今主上派使臣来打听足下的情形，是担心足下名声太大，对他构成威胁。足下何不到处压价买田，高利放债，使民有怨言？只有如此，主上才会对你放心。"萧何听从了他的意见这样作了，刘邦果然十分高兴。

当刘邦班师回朝时，老百姓纷纷拦路上书，状告萧何，刘邦一点也不怪罪萧何，反而将老百姓的状纸交给萧何，笑着对他说："你自己处理吧！"

萧何是刘邦的贫贱之交，刘邦亲口将他封为第一功臣，为什么刘邦对他还相信不过呢？这是因为，在官场上是没有真正的友谊、盟友的。政治斗争是一个不断地一分为二的裂变过程，当年项羽、刘邦共同对付秦朝，秦朝灭亡了，项羽、刘邦这一对盟友翻了脸，打了起来；项羽被消灭了，刘邦集团内部又发生了裂变，中途入伙的韩信、英布又被视为异己的力量；韩信、英布垮台了，刘邦的核心集团又该找出新的打击对象了。萧何树大招风，自然首当其冲。萧何虽然不断地自毁名声，却并未能消除刘邦的猜疑，就在刘邦将状子交给萧何的同时，因萧何顺便请求将皇家花园中的荒废土地拨出一些交给百姓耕种，刘邦立刻变了一副面孔，说萧何故意讨好百姓，将他收进监狱。刘邦之类最高掌权者的逻辑是这样的：你盘剥百姓、结怨于民，那是不足挂齿的小事一段，他不只不会管，还会加以纵容；你要真正想替百姓办一两件好事，说一两句公道话，而影响了他的权威、名声，他便非要整治你不可。

所以，干些蠢事、坏事，有意识地掩饰一下自己的美德卓行，也不失一种保全自己的策略。

疏广知足安余生

祸莫大于贪欲，福莫大于知足，这是古代许多先贤圣哲教给人们的一种处世哲学，俗话也说"知足长乐"，这也适用于官场。

既然贪权揽势是致祸的缘由，知足知止也就是避祸的法门，不该伸手别伸手，应当驻足快驻足，这样外可以少树敌招怨，内可以减怒保肝，既可平安于官场，也可快意于人生，实在是养生全命的法宝。

疏广、疏受父子，在西汉昭帝时，先后受命为太子太傅、太子少傅。疏广学识渊博，教导有方，疏受好礼恭谨，温文尔雅，父子二人并为太子之师，天子尊敬，大臣钦美，荣冠朝野。任职五年以后，皇太子年纪也长大了，疏广对疏受说："我听说知足就不会受到侮辱，知足就不会有危险，功成身退，这是最符合事物发展的规律，你我父子，官至二千石，功成名就。如果此时不及时抽身退去，只怕将来会后悔的，我们现在一同离开长安，告老还乡，终其天年，这不是最好的结局吗？"

疏受叩头道："听从父亲的安排！"于是二人称病求去，汉宣帝答应了，并送他二十斤黄金，皇太子送五十斤；当他们离别长安时，满朝公卿饯行于都门外，车连数百辆，路旁围观的人叹赞道："贤哉，二大夫！"

回到故乡以后，他们以朝廷所赐黄金，每日摆酒设宴，广请乡里父老，并经常问还剩多少黄金，督促赶快花掉。有人劝他们道："何不买点田产房屋传给子孙？"

疏广道："我岂是老糊涂了，不顾及子孙！我想过，我们家还有薄田、茅屋，只要子孙们辛勤劳作，完全可以满足衣食之求，不会比一般人差；如今若是再多给他们添置财产，实是会使他们变坏。本来很贤明的，财产多了，便会胸无大志；本来愚昧的，财产多了更会去干坏事。而且富有的人，众人都会嫉妒。我纵使不能使子孙变得知书达理，也不愿意他们去干坏事结怨乡亲。这些黄金本来是皇帝赏给老臣养老的，拿出来同大家共同享乐，安度晚年，不是很好吗？"

因此二人在乡里中也很受人爱戴，平平安安度过了一生。

疏广这个两千多年前的高官，实在是很懂得点辩证法，很有点远见卓识，他的言行，与后世的某些大官，形成了十分鲜明的对比。

首先，他不贪恋权势。如果他不主动提出辞官，汉宣帝会照样给他以礼遇，而等到皇太子将来继位，他们父子的权势一定会隆盛无比，但他们却毫不犹豫地放弃权势，这固然是由于他们对专制时代祸福难测的隐忧，也表明了他们对权势的淡漠。而后世许多大官小官们，哪怕到了四肢不灵、五官不清、一饭三遗失的耄耋之年，也还是牢牢地抓住权柄不放。

其次，他不贪财。几十斤的黄金，即使在古代，也是一笔不小的财富，然而他不留不传，全都用来宴请乡亲。而后世的许多大小官员们，已经享受了十分丰厚的俸禄和许多特殊的待遇，还不知足，还要贪赃枉法，纳财受贿。

第三，他不为儿孙谋。他既不为儿孙谋官，也不为儿孙积财，让儿孙们自食其力，他清醒地认识到，为儿孙谋得太多，只会产生出一批纨绔子弟。后世许多大官小官，自己高官厚禄了，还要封妻荫子，趁着手中还有权，口中还有气，还要将儿子、女儿、女婿以至孙子、外孙子的乌纱帽、金钱财宝、房屋车马，都要争足了。

比起疏广来，后世的大官小官们不知愧也不愧？不，他们不会愧的，因为他们不懂辩证法，不懂历史，也不管未来，他们是一群"实惠主义者"，今朝有权今朝用，明日无权明日愁。

段芝贵奉上有术

俗话说："男人百分之九十九都是好色之徒，只有一个不好色还有毛病。"这话虽有些夸大，但有许多男人的确是在美人面前落了马。明白这一点并在为官处世时巧为运用到的确可以起到出奇致胜的效果。在古今中外，不少圆滑的处世高手，利用某些人的好色本性，巧施美人计以求得升官发财。民国初年，袁世凯的亲信段芝贵即是精于此道的高手。

清末民初，北洋军阀袁世凯算得上个权倾朝野的风云人物。不少人托关系，想办法以便打通袁世凯的门路，真可谓八仙过海，各显神通。段芝贵靠一位亲戚的介绍，攀上了袁世凯这个高枝得以步步升迁。

段芝贵的升官术是善拍会捧。为了了解袁世凯的特点，段芝贵主动结交了袁世凯的总文案阮忠枢。阮忠枢作为袁的亲随，平时处理袁的往来信函，对袁世凯的个性爱好十分清楚。阮忠枢告诉段芝贵袁世凯平生最大的嗜好就是贪女色，只要向袁进献漂亮的女子，就能讨袁世凯的欢心。

阮忠枢又推荐一漂亮女子，要段芝贵设法送与袁世凯。

天津平康里，美艳的女子很多，韩家班的女子最出众。阮忠枢余暇时，常往韩家班猎艳求欢，曾与歌妓小金红，结下不解之缘。小金红有一妹妹，名叫柳三儿，色艺绝冠，高张艳帜。阮忠枢只见她一面，就神不守舍，暗自羡慕。

袁世凯有次招阮忠枢私宴，醉后忘形，问及平康里的女子。阮忠枢介绍了柳三儿。袁世凯想一睹美颜，只是身为高官，不便访艳。

阮忠枢对段芝贵说，如将此女买来，送与袁世凯，定能讨得袁的欢心。

段芝贵依计而行，到了韩家班，以 5 万两白银将柳三儿买出，并让柳三儿为干妹妹。

段芝贵把柳三儿带回家中，请"名师"调教，琴棋书画都教会，又买了好衣服，打扮得更加动人，然后通过阮忠枢牵线，送给袁世凯。

袁世凯一见柳三儿，心中十分高兴。老袁本是好色之徒，见了这个粉妆玉琢的美人儿，垂涎欲滴，一宵枕席风光，占得人间乐趣。第二天，袁世凯即发布命令，任段为营务处提调，管理所有新军的调动。

由于柳三儿的关系，段芝贵才得以飞黄腾达。

袁世凯称帝时，成立了一个筹安会，筹安会策划成立"全国公民请愿团"，袁世凯的亲信各想高招，拉人请愿，杨度就搞了个乞丐请愿团。

对妓院很熟悉的段芝贵，上次献柳三儿沾光不小，这次他又忽发奇想，何不搞个"妓女请愿团"，上街游行，高呼口号，以示帝制得人心。

主意拿定，就找到袁世凯的儿子袁克定商量。袁克定很赞同，拟由袁克定专宠的妓女花元春以及小阿凤领头，向袁世凯写"劝进书"。

袁克定心想，老爹当了皇帝，自己便是皇太子，日后就可继承皇位。于是由段芝贵、袁克定出钱，由花元春、小阿凤出面组织，短短十余天，竟凑成了几十个妓女组成的"请愿团"。

"请愿团"组成后，便择吉日上街"劝进"，一些捐客加入"劝进"的行列，再加上看热闹的尾随者。游行队伍人数众多，场面很大，沸沸扬扬，影响不小。

萧云从《山水册》

段芝贵、袁克定向袁世凯汇报说：女人都愿变更国体，这是人民的呼声，总统应早登龙位，以顺应民心。

袁世凯一心称帝，听了这话很高兴，表示称帝后，封段为亲王。后来袁称帝，果然封段芝贵为武义亲王。

人们常说，饱暖思淫欲。高官显贵，衣食无虞，对国家利益，百姓疾苦又漫不经心，于是他们的精力就只好花在"玩"字上了。纵观封建官场，当权者大多以淫色作为玩的第一等选择。为了一介女子，他们可以争风吃醋，甚至不惜大动干戈。这样一来，色鬼们的政治对手便有隙可钻，他们投其所好，献上美人肉弹，让其尽情享受，讨得他的欢心，或消磨他的意志，最后趁虚而入，夺取他的权力。

骊姬以泪倒献公

据说，凶残的鳄鱼在吞噬别的动物前，总要流下一串串"伤心"的眼泪。这也许正是鳄鱼的狡诈之处。在官场政坛上，有人为了升官发财，铲除政敌，竟然也用哭来达到目的。搜寻古今历史，善哭的男人女人倒也不少，哭得妙的哭出了天下，次一点的也哭出个官运亨通。

春秋时期，晋献公的爱妃骊姬为了陷害太子申生，为自己的儿子获取尊贵的君位，说穿了，也是为自己能够登上国母的宝座施尽绝招，在献公面前装出一副可怜相，哭得巧妙，哭得适时，哭得动人，因而最终达到了目的。

骊姬长得非常漂亮，又擅长床上功夫，把晋献公迷得神魂颠倒，两人日夜形影不离。不足一年，骊姬就生下一子，取名奚齐。

晋献公因受惑于骊姬，爱妻及子，便想立奚齐为太子。他把此意对骊姬说了，她心里很高兴，但想到已立申生为太子，而且申生与另外两个兄弟重耳、夷吾又那样友爱，这二人虽然不是亲生的，在名义上也是母子关系。今一旦无故变更，废长立幼，恐群臣不服。不仅自己的儿子当不成太子，还说不定会遭到不测之祸。想到这里，骊姬便跪在晋献公面前哭起来："太子申生并无大过，据说诸侯没有一人说他的坏话，若是为了我母子而将他废了，人家必说我迷惑于你，我宁可死了也不负这个罪名！"晋献公听她说得通情达理，哭得情真意切，大赞其贤淑美德。

骊姬表面上做得光明磊落，暗地里却买通了一班佞臣梁王、东关王、优施等人，日夜商量着如何陷害申生等兄弟，夺取太子之位。

不久，由东关王出面启奏，把三位公子调开，相互远离，以便各个击破。接着又威胁一班老臣与申生等疏远。

孤立的政策做好之后，骊姬便对晋献公说："申生是我挺心爱的儿子，他在曲沃几年了，我也挺惦念他的，还是把他请回来吧！"

晋献公是个色迷心窍的人，还以为骊姬是真心，便派人往曲沃叫太子立即回来。

申生是个知书达理的孝子，他回来拜见过父亲，又入宫参见骊姬。骊姬设宴摆酒招待，言谈甚欢。第二天，申生又入宫叩谢，骊姬又留他吃了顿饭。没想到，当晚她便跪到献公面前哭哭啼啼编起谎话来。

"怎么了，是谁侮辱了我的美人儿？"

"都是你的好儿子！"

"是申生？他怎么啦？"

"不是他能是谁？"她哭得声音更大了，并且边哭边说道："我一片好心叫他回来见见面，留他吃一顿饭。没想到他喝了几杯酒就开始调戏起我来，还说：'我爸老了，你又年轻！'我当初很生气，本想教训他一顿，可他嬉皮笑脸地说：'这是我家祖传的先例了。我祖父去世的时候，我爸爸就接受了他的小老婆；现在我爸爸老了，不久就要归天了，按照常理你不归我又归谁呢？'说着还想把我搂住亲嘴，幸亏我躲得快，不然的话……，我不想做人了！"说罢，扑到晋献公怀里乱捶乱打撒起野来。

"岂有此理，这畜生竟如此无赖！"晋献公怒气不打一处来。

"唉！他还说明天约我去花园呢。如果你不相信的话，去跟踪一下就明白了。"

到了第二天，骊姬又召申生入宫，带他去花园看花。她这天打扮得格外漂亮，全身香喷喷的，把香糖沾满头发，一路上引来许多蜜蜂、蝴蝶，在她头上飞绕。骊姬叫申生过来帮他赶散这些狂蜂浪蝶，申生从命，于是申生在她后面手挥袖舞。

此情此景，晋献公在楼上看得清清楚楚，他怒不可遏，立即叫人绑起申生推出斩首，吓得申生满头冷汗，莫名其妙。

这时，骊姬又跪在晋献公面前哭了起来："你明白真相就行，切不可处决他，因为他是我叫回来见面的，若杀了他，群臣会说我下的毒手。何况这是家事，家丑不可外扬，屎不臭挑起臭，传出去多不好听。请您饶他这一回吧！"

晋献公无可奈何，下令："赶这畜生回曲沃去！"还派人跟踪侦察申生的所作所为。

没过多久，晋献公出城打猎去了，骊姬派人去对申生说："我做了一个梦，梦见你妈妈齐姜向我哭诉，说她正在地府里挨冻受饿，十分凄凉，你做儿子的应该去给她祭祀一番。"

申生是位孝子，自然听话，齐姜的礼祠在曲沃，他前去拜祭。并且照例把胙肉和礼酒送给爸爸，以尽人子之礼。晋献公打猎还未回来，这些胙肉和祀酒只好留在宫中。

过了几天，晋献公才回来，骊姬在酒肉里加了毒药，送给晋献公，告诉他：“我曾梦到齐姜在地府受苦，现在申生把胙肉、礼酒送来了给你尝尝！”晋献公拿起酒要喝，骊姬却说：“酒肉是外来的，不可大意，试一试才可！”

“对！”晋献公顺手把酒泼在地上，地上顿时冒起一股白烟。

“咦！怎么回事？”骊姬诈言不言，又割了一块肉给狗吃，狗吃了连叫一声都没有，就四脚朝天死了。

“天呀！天呀！”骊姬呼起冤来。“谁料到太子这么狠心，要毒杀父亲了。国君的位置早晚是要传给太子的。多等一两年都不行了。”说着说着便“扑通”一声跪在献公面前，泪流满面，呜咽着说：“太子此举，无非是针对我和奚齐，请把酒肉给我吧，我宁可替你去死。”说完，一把抢过酒，做出倒进口的姿式，晋献公立即把酒抢过来，愤然摔落地上。

骊姬哭倒在地，向献公哭诉：“太子真狠毒啊，连父亲都想杀死，何况别人？当初君王想废了他，我不肯，后来他在花园调戏我，君王想杀他，还是我替他求情。今天如果杀了君王，接着就要杀我了。天呀！这造的什么孽呀！……”

骊姬一把鼻涕一把泪，就这样要活要死地呼号着，把晋献公气得浑身发抖，用力把骊姬拉起：“你起来，我自有主张！”

献公立即升殿，告诉群臣，历数申生罪状并派关东王为将，率军杀奔曲沃。申生闻讯，不听群臣劝谏，既不拥兵抗拒，又不逃往外国，此事有口难辩，于是只好刎颈自杀了。

第六篇　驭人卷

咀嚼菜根

不遇其世　功名何致

【原文】　圣人虽有其志，不遇其世，仅足以客身，何功名之可致也！

【译文】　有高德大才的人虽然具备远大的志向，但是不遇到他施展才能的社会条件，也只能在世上容身而已，哪有什么功名可以建立的呢？

论材审用　必明于象

【原文】　不明于象，而欲论材审用，犹绝长以为短，续短以为长。

【译文】　不了解各种人材的特征和表现，而想量才用人，就好比把长材短用、短材长用一样。

不可而已　无所不已

【原文】　于不可已而已者，无所不已。于所厚者薄，无所不薄也。其进锐者，其退速。

【译文】　对于不应当废弃的人却废弃了，那就没有什么不可废弃了。对于应当厚待的人却薄待了，那就没有什么人不可以薄等了。那些进用太突然了的人，他们被罢退也必然十分迅速。

无术任人　无任不败

【原文】　任人以事，存亡治乱之机也。无术以任人，无所任而不败。

【译文】　任用人去担任职事，这是存与亡、治与乱的关键。不讲策略去任用人，就没有哪一项任命不失败。

明人驭众　必得其为

【原文】　所谓明者，使众不得不为。

【译文】　所谓聪明的国君，他能使众人不得不尽力做事。意思是执政者要善于用人，使之自觉地努力工作。

程正揆《江山卧游图》（局部）

聪明君子　善服人也

【原文】　羿、蜂门者，善服射者也。王良、造父者，善服驭者也。聪明君子者，善服人者也。

【译文】　羿和蜂门，是善于从事射箭的人。王良和造父，是善于驾车的人，有才能的官员，是善于用人的人。

不肖以罚　使贤以义

【原文】　凡使贤不肖异：使不肖以赏罚，使贤以义。故贤主之使其下也必义，审赏罚，然后紧不肖尽为用矣。

【译文】　使用贤德之人和不贤之人的方法不同：使用不贤之人用赏罚，使用贤德之人用道义。所以贤明的君主使用自己的臣属一定要根据道义、慎重地施行赏罚，然后贤德之人和不贤之人就能为自己所用了。

人主之弊　使而无用

【原文】　人主之患，必在任人而不能用之。

【译文】　君主的弊病，一定是任人以官职却又不会很好地使用他。

驭下之权　不可释之

【原文】　制下主权，日陈群前，而君释之，故令君臣懈弛而背朝。

【译文】　控制和驾驭臣下的权力，每天都摆在君主的面前，而君主却弃而不用，所以必然使得群臣松弛懈怠，心不向着朝廷。

任人之长　不强其短

【原文】　任人之长，不强其短；任人之工，不强其拙。

【译文】　用人应用他的专长，不应勉强他做不擅长的事；用人应用他的精巧技艺，不应勉强他做不会做的事。

因人而宜　因才委任

【原文】　人不同能，而任之以一事，不可责遍成。

【译文】　人们的才能是不相同的，应根据他们不同的特长，委任不同的工作，不能要求他们事事胜任。

明主之举　在于治吏

【原文】　明主治吏不治民。

【译文】　英明的君主重视对官员的管理，而不直接处理民间的具体事务。

知人善任　各得其所

【原文】　知人诚智则众才得其序，而庶绩之业兴矣。

【译文】　在知人善任方面确实很聪明，那么众多的人才就各得其所，井然有序，各种事业和功绩就兴旺起来了。

圣贤之美　莫过聪明

【原文】　圣贤之所美，莫美乎聪明；聪明之所贵，莫知人。

【译文】　圣贤的长处，莫过于头脑聪明；聪明之最可贵的表现，莫过于知人善任。

以道御之　无所不可

【原文】　吾任天下之智力，以道御之，无所不可。

【译文】　我任用天下有才能的人，用正确方法使用他们，就没有干不成的事业。

舜举五臣　无为而化

【原文】　舜举五臣，无为而化，用人得其要也。

【译文】　虞舜只用了五个大臣，他自己不做什么具体事务，天下就被治理得很好，原因就是他在用人方面掌握了要领。

善人必赏　暴人必罚

【原文】　善人不赏而暴人不罚，为政若此，国众必乱。

【译文】　好人得不到奖励，坏人得不到惩罚，政事如果搞成这样，国家和民众必乱无疑。

严明赏罚　用众若一

【原文】　明赏罚，虽用众，若使一人也。

【译文】　只要赏罚分明，即使是指挥三军之众，也就像使用一个人一样。强调明确赏罚是使全军步调一致的关键。